数学への招待

思考力を鍛える
場合の数と確率

「分解」と「統合」で
みるみる身につく

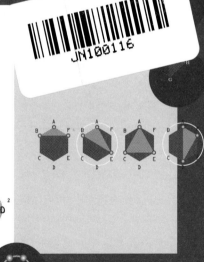

JN100116

技術評論社

# まえがき

はじめまして、岐阜県立高校数学教師の杉山博宣と申します。

私は最寄りのコンビニエンスストアに行くのに、現在でも一山越えなければいけないような、自然に囲まれた集落で育ちました。中学生の頃には、スクールバスで一山越えて最寄り駅まで行き、その後電車に乗って通学していました。そのような環境で育った私が本を書き、今その本が読者の皆さんの手に取られているとは本当に驚きでしかありません。

私は、中学、高校、大学、そして教師になってからもバスケットボールに明け暮れ、「高校の先生になった」と旧友に言うと、体育の先生だと思われるような学生でした。高校生の頃の座学の得意教科は、1番理科、2番英語、続いて数学。数学が得意だという意識はありませんでしたが、教科担任の先生方に恵まれたこともあり座学の教科で1番好きでした。また、スポーツ、勉強のあらゆる面で自由に考え、創意工夫することが大好きでした。その後、縁があり数学教師となり、数学を通して思考力を鍛える本を執筆する機会を得ることができました。

振り返ってみますと、私が本書を執筆するきっかけとなった言葉が3つあったと思います。

1つ目は、いつも私の側にいて、一番大きな影響を与えてくれた、年子の弟の言葉です。私たちには、バスケットボールが大好きなこと、音楽の趣味等、本当に多くの共通点があります。高校生の頃のある日、弟があまりに色々なことを知っていたので、「たくさん知識があってすごいね！」と何気なく言うと、弟は「知ってることなんて大したことじゃないよ。本で調べたら誰でも分かるんだから！」と言いました。同じ環境で育っていながら、全く異なったアプローチで物事を捉える弟のこの言葉が、私を変える最初のきっかけになりました。

　2つ目は、教師としての初任者研修の指導教官をしてくださった先生の言葉です。ある日、「君はいつか数学の本を書くつもりで勉強に励みなさい」と言ってくださいました。初任者研修後、久しぶりにお会いする約束をしていた日の前日に、交通事故によりその先生は亡くなりました。満足に恩返しができなかったこともあり、先生の言葉がいつも心のどこかにありました。

　3つ目は、NBAロサンゼルス・レイカーズの元スーパースターKobe Bryantの著書の一節です。その本が、

　　Yeah, basketball took me everywhere.

　　Now, I'm taking the game everywhere.

と締めくくられていました。学んだことを本に著すことも、恩返しの方法の1つだと気付かされました。

　3人の言葉を挙げましたが、これまで出会った全てが今の私を形作っています。それら全てに感謝し、私にとっての先程の言葉

のように、この本が読者の皆さんがより良く生きるためのきっかけになることを願っています。

　人間の思考の中では、過去や未来にタイムマシーンのように自由に移動でき、一瞬で太陽までの移動も可能です。生まれながらに持つこの素晴らしい思考力を、高校の数学Aで学ぶ「場合の数と確率」を通して、さらに鍛えていきましょう。

本書を読まれるときの留意点

　本書は、中学生以上の数学好きな一般の方を対象としています。思考力を鍛えることをコンセプトに書かれており、数学的に厳密であること以上に、思考の自然な流れを優先しています。

・数学が大好きな方は、本書の第4章以降の問題を中心に考え続け、何週間、何ヶ月もかけて読み終えるつもりで臨んでいただけたら幸いです。
・段落間の「1行分のスペースは思考の合図」です。（もちろん、話題を切り替えるためであることもあります。）スペースが空いていたら、解く、まとめる等の思考をしてから読むことを心がけてください。あなたは、昨日スマートフォンから得た情報をどれだけ覚えていますか？簡単に得たものはすぐに失いますので、自分で考えながら、苦労しながら読んでください。

・第2章以降では、皆さんには、筆記用具と紙を準備して、問題をご自分で解きながら読んでいただけたらと思います。私は3桁の足し算は必ずしも暗算で解けませんが、筆算をさせてもらえれば必ず解けます。このように、文字は偉大な発明ですので、ドンドンお世話になりましょう。

・考えながら読んでいただきたいため、時折誤答を交えておりますので、ご了承ください。（もちろん、その後正答を示しております。）

・中学生が読んでも構いません。やる気さえあれば理解できる内容だと思います。

・大学入試を意識した読者の方は、本書の他に学校で購入した問題集、参考書等で演習を重ねる必要があるかと思います。（本書は思考力を鍛えるために最適かつ最低限の問題のみがセレクトされていますし、大学入試の数学は、のんびり解いている時間はありませんので…。）ただ、本書で鍛えられた思考力があれば、数学の他分野、さらには他教科でも、何倍もの効率で学力がつくことは間違いありません。また、受験勉強を通して鍛えた思考力が、一生の財産となると思います。

目次

第1章 思考を思考する

1−1 思考力の定義

思考力を、**知識を活用して、より良く生きる力**と定義します。

本書を読み終えた後、読者の皆さんが、様々な場で思考し、それを通して思考力を鍛え、より良く生きていただけたらと思います。

私は、岐阜県で最も伝統のある高校で教師人生をスタートさせました。全員が大学進学を目指す進学校であったため、良い数学教師とは、極論しますと、問題を瞬殺（見た瞬間に解くこと）でき、どんな質問にも即座に答えられる先生だと思っていました。もちろんそれは大切な一面ではありますが、その後、様々な生徒と出会い、私の教育観は大きく変わることになりました。

2校目として、4つの学科を持つ進路多様校で勤務しました。そこで、数学の偏差値を上げる以外に、数学教師としての私は、生徒たちに何ができるのかを考え始めました。そして、3校目は実業高校で勤務しました。クラスの何人かは部活動で期待されて入学しており、ある日その中の1人に「数学って何で勉強しないといけないの？」と質問されました。「まあ、卒業するために必要だから、最低限はやろう。嫌な事も頑張る精神力は社会人になっても大事だから、それをつけるための修行だと思って！」としか答えられませんでした。その後も何人もの生徒から同様の質

問をされたこともあり、数学に限らず、教育の意味について考えることが増えました。

　そして現在は、再度進学校で、大学入試を突破する力をつけると同時に、3校目で出会った生徒たちの質問の答えを探しながら、教壇に立っています。あれから何年も経過した今でも、彼らの質問への私の答えは、表面上は変わりがないかもしれません。しかし、様々な生徒との出会いと交流を通して、私の（数学）教育に対する信念は大きく前進していると確信しています。

　彼らの質問への答えを探していたある日、東京大学のホームページで「高等学校段階までの学習で身につけてほしいこと」を見つけました。教科別に記載された中の、数学の内容は以下のようなものでした。

　数学は、自然科学の基底的一分野として、人間文化の様々な領域で活用される学問であり、科学技術の発展に貢献するだけでなく、社会事象を客観的に表現し予測するための手段ともなっています。そのため、東京大学の学部前期課程（1、2年生）では、理科各類の全学生が解析・代数を必修科目として履修し、文科各類の学生も高度な数学の授業科目を履修できるカリキュラムが用意されています。

　本学に入学しようとする皆さんは、入学前に、高等学校学習指導要領に基づく基本的な数学の知識と技法を習得しておくことはもちろんのことですが、将来、数学を十分に活用できる能

力を身につけるために、次に述べるような総合的な数学力を養うための学習を心掛けてください。

1）　数学的に思考する力

　様々な問題を数学で扱うには、問題の本質を数学的な考え方で把握・整理し、それらを数学の概念を用いて定式化する力が必要となります。このような「数学的に問題を捉える能力」は、単に定理・公式について多くの知識を持っていることや、それを用いて問題を解く技法に習熟していることとは違います。そこで求められている力は、目の前の問題から見かけ上の枝葉を取り払って数理としての本質を抽出する力、すなわち数学的な読解力です。本学の入学試験においては，高等学校学習指導要領の範囲を超えた数学の知識や技術が要求されることはありません。そのような知識・技術よりも、「数学的に考える」ことに重点が置かれています。（下線は著者による）

2）　数学的に表現する力

　数学的に問題を解くことは、単に数式を用い、計算をして解答にたどり着くことではありません。どのような考え方に沿って問題を解決したかを、数学的に正しい表現を用いて論理的に説明することです。入学試験においても、自分の考えた道筋を他者が明確に理解できるように「数学的に表現する力」が重要視されます。普段の学習では、解答を導くだけでなく、解答に至る道筋を論理的かつ簡潔に表現する訓練を十分に積んでください。

3)　総合的な数学力

　数学を用いて様々な課題を解決するためには、数学を「言葉」や「道具」として自在に活用できる能力が要求されますが、同時に、幅広い分野の知識・技術を統合して「総合的に問題を捉える力」が不可欠です。入学試験では、数学的な思考力・表現力・総合力がバランスよく身についているかどうかを判断します。

　これを読み、特に心に留まったところに下線を引きました。そして、「よし！教科書と東大の入試問題の間には大きなレベルの差があるが、それを埋めて余りある、『数学的に考える』ことの神髄を探ろう！」と思いました。そして、22世紀を生きる（！）高校生、さらに少しでも多くの方々が、「知識を活用して、より良く生きる」ためのきっかけになろうと決心しました。

1-2　思考力の汎用性

　ところで、本書のカバーに濃い青が使われていることには理由がありますが、どのような理由かわかりますか？

　そうです！私の好きな色だから、でもありますが、

　京都大学のスクールカラーが**濃青**だからです。

聞くところによりますと、イギリスのオックスフォード大学とケンブリッジ大学が、淡い青と濃い青をスクールカラーとしていたので、それに倣い、東京大学と京都大学はそれぞれ「淡青」と「濃青」をスクールカラーとしたそうです。

　その証拠（？）として、以前は、京都大学側から「東大戦」と呼んでいた定期戦が、今は「双青戦」と呼ばれています。

　官僚を多く輩出してきた東京大学と、日本で初めの２つのノーベル物理学賞受賞者の母校である京都大学ですから、「東京大学は100人の秀才が欲しい、京都大学は１人の天才が欲しい」と言われる程、校風が違います。端的に言いますと、「進学選択があり、学生が大学でもしっかり勉強する東京大学」と、「自由の学風で知られ、単位が降ってくる（令和現在もそう？）京都大学」と感じています。

　日本の首都にあり、一番ネームバリューのある東京大学でなく、あえて京都大学に進学するメリットを、私は次のように考えています。それは、首都圏と比較して下宿費や必要となる交通費が安いこと、鴨川沿いを中心に時間の流れが遅いこと、関西弁が話せるようになり、笑いの必要性から落ちのある話術が身につくこと、そして「日本で一番変人の友人が作れること」だと思います。

　京都大学は変人が多いと言われますが、その一番の巣窟は、変人が変人を呼び、増殖していく、私が卒寮した「京都大学熊野寮」だと思います。

（しばらくは、当時を思い出しながら執筆しておりますので、失礼もあるかと思いますが、ご容赦ください。）

　熊野寮は、維持費 4,100 円（水光熱費込み）、1965 年 4 月 13 日設立の鉄筋コンクリートの寮です。私は、先輩の長澤さんと下井田さん、後輩の前田君と、4 人 1 部屋の共同生活をしていました。私たちが住んでいた部屋はこのような間取りです。

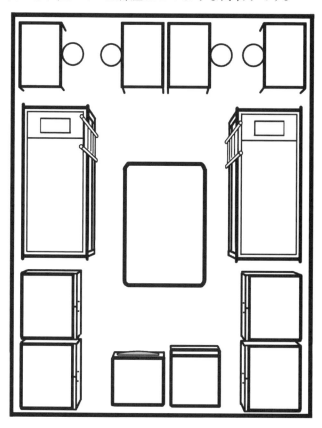

この「4人で16畳！」の空間でバカな話から、真面目な話まで（嘘をつきました、ほとんどバカな話です…）語り合い、濃密な時間を共有しました。

　私が多くを学び、（変人として）尊敬している3人に、簡単な紹介に続いて、本書のテーマである思考力について語っていただこうと思います。

　最初に、長澤さんです。私が入寮した時には理学部3回生であったにも関わらず、4年後に卒業する私と同時に学部を卒業してくださった、心優しき部屋長です。出会って2年間は、スキューバダイビングサークルの部長を務め、私が寮に帰ると、朝も、昼も、夜も、魚の図鑑を眺めるか、テレビゲームをしておられました。現在は、大学で放射線診断治療学講座の助教として活躍しておられます。

↓↓↓↓↓↓↓↓↓↓↓↓↓ **長澤さん** ↓↓↓↓↓↓↓↓↓↓↓↓↓↓
　あずかり知らぬ因果か、今は医者をしております長澤と申します。

　この原稿を依頼されて、ふいに懐かしく思い熊野寮をGoogleで検索してみました。すると何ということでしょう。関連キーワードに「熊野寮　やばい」と出てくるじゃありませんか。私は大変困惑しました。熊野寮が何らかの危機に瀕している？いや、熊野寮は常軌を逸しているということ？？関連キーワードが意図した意味はどっちなのでしょう。そもそもどっちでもない？

　数学の素人の私が言うのは恐縮なのですが、小学校からの算数で最も重要なのは同値関係だと考えています。1 + 1 と 2 が何故イコールで結ばれるのかは小学校低学年で是非一度議論すべき問題だと思います。

　同値関係は医療の現場でも頻繁に意識します。例えば病気の説明を患者さんにする時。

　病気にまつわることを全て伝えようとすると、その情報量は膨大で時には 1 冊の本になってしまうほどです。病気の説明に必要な情報を過不足なく伝えるには、その膨大な情報からどこまで引き算を行えばよいのか、時には足し算をすべきなのか。患者さんが必要とする情報と自分が伝える情報の必要十分性の程度、つまり患者 − 医師間の認識の乖離をなるべく小さくすることを常に意識しながらお話しています。

　例えば、冬に発熱・鼻水・全身倦怠感の症状があったとします。完全に「風邪」です。風邪で病院に行く必要は全くありませんが、仮に近所の病院に行ったとしましょう。風邪だろうなと思いつつ、目の前の医師の話を聞きます。「風邪の多くは一本鎖RNA を持つピコルナウイルス科のライノウイルスが原因で、そしてライノウイルスは変異しやすくインフルエンザウイルス同様に多数の血清型を持ち治療は…（略）」など滔々とライノウイルスの基本的事項や極めてまれな合併症、果てはライノウイルスに関する世界の現状を語られたらいかがでしょうか？話自体はすごいけど…うーん。

　患者さんが必要とする情報と医師が伝えるべき情報の乖離を小

さくしようするなら話すべきは、〔原因〕：典型的な風邪症状はウイルスが原因、〔対策〕：十分な休息をとる必要がある＋高熱があってつらいなら解熱剤を服用する、〔予想される経過〕：数日以内に現在の症状は治まる、以上の3点だけです。

さて、皆様はネズミに足を噛まれた経験がありますか？この清潔な日本でそんな経験ある訳ないでしょと思われるかも知れませんが、私はあります。冬、熊野寮のコタツで魚図鑑を見ておりましたら、目の端に何か動くものが映ります。何と、コタツの中にもぞもぞ潜り込んでくるネズミがいるじゃありませんか。おやおや、ネズミも寒いのかなと微笑ましく思い、視線を魚図鑑に戻してしばらく…。ガブリ、とやられました。足先を。昔、寮の中にはたくさんネズミがいたんです。そのため、ネズミに対する感覚も世間一般と比べ随分違っていました。

医療の話に戻りましょう。皆様は病院で検査などをする時の説明文書に、〜のような副作用が生じる確率は○○％などという数字をご覧になるかと思います。皆様は、〜の生じる確率は0.1％だと言われたらどう思われるでしょうか。たった0.1％か、そん

なのわざわざ説明してくれなくても…と考える方が大半なのではないでしょうか。大きな病院となると 1 日の件数が 100 件となるような検査はざらにあります。すると 10 日で 1000 件です。単純計算で 10 日に 1 件は先ほどの副作用が生じることになります。この場合の 0.1％というのは、実は医療現場の人間からすれば結構頻繁に起きますよという数字なのです。当然ながら、このような患者 − 医療者間の認識の乖離はトラブルの元になりやすいです。

　このように医療の現場では確率も良く登場します。なぜなら、医療が扱う対象は人間であり、その人間は精確に規格化された工業製品ではないからです。人間に関係する要素の存在確率は、一般的に正規分布もしくはポアソン分布を示します。ほぼ全ての人間は喫煙によって健康を害して寿命を大きく縮めますが、ごくまれに喫煙していても 90 歳を越えるような人がいるのはそのためです。ヒト − 病気を議論する時には常にこの正規分布やポアソン

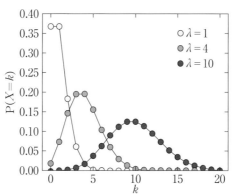

ポアソン分布　※ Wikipedia より引用

分布を念頭に置かなければなりません。極めてまれな状況も "必ず" 生じる可能性があるのです。

↑↑↑↑↑↑↑↑↑↑↑↑ **長澤さん** ↑↑↑↑↑↑↑↑↑↑↑↑

続いて、下井田さんです。出会ってすぐに意気投合し、熊野寮内で引っ越して、私たちの部屋に合流していただいた先輩です。理系の大学院生でありながら、歴史等にも詳しい、大変博識な方です。私たち4人の中では、一番の常識人ではありますが（世間一般では…）、長澤さんの下品な話に一番先に飛びつくのも下井田さんです。現在は、弁理士として活躍しておられます。

↓↓↓↓↓↓↓↓↓↓↓↓↓**下井田さん**↓↓↓↓↓↓↓↓↓↓↓↓↓

弁理士の下井田と申します。「弁理士」になじみの薄い方もいらっしゃると思いますので、簡単に説明しますと、国家資格の一つで、特許、意匠、商標などの知的財産に関する専門家です。多くの弁理士は、企業等の依頼で代理人として特許庁に特許出願等を行い、知的財産を権利化することを主な業務にしています。一方、私は、企業の弁理士として、社内で生まれた発明、デザイン等の成果を権利化し、自社商品・デザイン等の保護に努めています。

弁理士には特許法、意匠法などの知的財産法に関する知識が必須です。「法律」というと、「文系」というイメージがあるかと思います。私も、勉強をする前はそのようなイメージを持っており、理系出身者にとってハードルが高いと思っていました。しか

し、勉強を始めてみると、理系の思考に非常になじみやすいものでした。

　例えば、法律の条文です。そのほとんどは、「法律要件＋法律効果」という形で書かれており、法律要件を満たすと法律効果が生じます。例えば、特許法第68条には、「特許権者は、業として特許発明の実施をする権利を専有する。」と書かれています。この条文の法律要件は「特許権者」であること、法律効果は「業として特許発明を実施する権利を専有する」ことです。簡単に言いますと、「特許権を持つ者は、商売で特許発明を独占して実施する」ことができます。反対に、法律要件を満たさない「特許権を持たない者」は、法律効果である「商売で特許発明を独占して実施する」ことはできません。

　私は、条文を理解する際に、数学でよく出る「ベン図」を思い浮かべます。先ほどの特許法第68条は非常に単純なベン図で、円1個で済みます。一方、複雑な条文になると、法律要件が何個もあり、ベン図で示すと、何個もの円が重なった非常に小さなエリアになります。つまり、法律効果が生じるのが比較的稀であることが視覚的にわかります。このように、文系の勉強にも、「数学的な思考力」というほどではありませんが、数学で学んだ方法

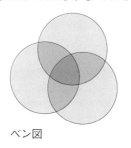

ベン図

を使うと非常にわかりやすくなります。

　また、普段の仕事で頭を悩ますのが「特許請求の範囲」です。特許請求の範囲は、発明の内容を文章で表したもので、この特許請求の範囲と添付の書面を特許庁の審査官が審査し、特許要件を満たせば特許成立になります。例えば、「座面を有する着座部と、着座部から下方に延びる複数の脚部と、着座部から上方に突き出た背もたれと、を有する椅子。」などと記載されます。そして発明「椅子」は、構成A「着座部」、構成B「脚部」、構成C「背もたれ」からなり、これら構成A〜Cを有する椅子が過去に無ければ、重要な特許要件の1つである「新規性」を備え、さらにこの「椅子」が出願時の技術常識から容易に思いつかなければ、もう一つの重要な特許要件の1つである「進歩性」を備えており、その他細かな特許要件をも満たせば、めでたく特許が成立します。権利範囲の広い特許を取りたければ、構成が少ないほうが良いので、構成「A＋B＋C」よりも構成「A＋B」のほうが、つまり背もたれが無い椅子も含むことになるので、権利範囲が広くなります。

　特許出願をする際、権利範囲を広くするために構成を少なくするべく、あれこれ考えるのですが、その場合も、先ほどの「ベン図」の考えが役に立ちます。この仕事を始めるときは、よくベン図を描いて、より広い特許請求の範囲を検討していました。このように、一見数学的な考え方とは程遠い弁理士の仕事ですが、意外と親和性があり、役に立っています。

↑↑↑↑↑↑↑↑↑↑↑↑↑下井田さん↑↑↑↑↑↑↑↑↑↑↑↑↑

　最後に、前田君です。私が 4 回生の時に入寮した後輩で、出会った初日に「僕は乱流を解明します」と、いかにも優秀かのようにアピールした、明るい男です。知的好奇心があり、本を買っては、読みもせず、本棚に飾ることを繰り返していました。また、自分のペースで勉強したいと、大学院生の時に 1 年間休学したものの、結局は塾講師のバイトばかりして、中学生から「天才前田」と呼ばれて喜んでいた、本物の天才です。現在は、東証一部上場企業で研究者として活躍しています。

↓↓↓↓↓↓↓↓↓↓↓↓↓↓↓↓↓前田君↓↓↓↓↓↓↓↓↓↓↓↓↓↓↓↓↓
　乱流は在学中に早々に諦めました前田と申します。現在は精密機器メーカーで光学設計者として工業用製品である FPD（Flat Panel Display）露光装置の設計を行っています。光学設計とは、聞きなれない職業かと思いますが簡単に言いますと、光を物理法則に従いながら、仕様として望まれる性能を満たすためにデザインし、かたちにすることが仕事です。
　光学設計というエンジニアの特徴は、光という直接手にとって扱うことのできないもの（さらに露光装置は紫外線を扱うため目でも見えない）を、光の屈折法則や波動光学的な法則を熟知したうえで、μm（1mm の 1000 分の 1）ないしは nm（1μm の 1000 分の 1）というオーダーで正確に制御していくことにあります。実際にものとしてかたちにしていくには、ランプ光源から出た光を、ガラスレンズを使って曲げ、所望の大きさ、エネルギーになるように並べるための設計図を作ることがアウトプットになりま

す。これができると、最終製品としてはテレビ、スマートフォン
やパソコンとなり、FPD露光装置ではその画面であるFPD
（Flat Panel Display）、具体的には液晶パネル、有機ELパネル
を作ることができるようになります。

　レンズを並べるという技術を光学設計の中でもレンズ設計とい
い、皆さんも見かけたり使ったりしているカメラのレンズやス
マートフォンのカメラの中に入っているレンズも同じくレンズ設
計によって作られています。

　レンズ設計技術の重要なところは、よい性能を引き出すため
に、非常に多くの可能性の中から、最も良いデザインを見つけ出
すことにあります。具体的には、レンズの材質、曲率半径（曲面
の曲がり方）、厚み、レンズの配置間隔、組立て精度などがパラ
メータとなっており、これらの組み合わせを武器に、狙った仕様
めがけて、ありとあらゆるパターンの中から解を計算しながら最
適解へと絞り込んでいくのです。計算には設計ソフトを使って所
望の性能を満たしているか確認することはできますが、この最適
化問題では、光の屈折法則に則ったうえで、複数のレンズのどこ
をどれだけ変化させれば最も改善されるか、可能性の高いところ
を推定して進めていくことが効率的な設計でカギになります。

　その他にも、新規製品のテスト実験などでは、設計で狙った通
りの性能が出るかを実際に組んでみて確認しています。図面上で
できていたものが、初めて実際のものとなって目の前に現れる瞬
間は気分が高揚するものですが、最初は失敗も多々あり、光が出
てこなかったり、思った通りの光のかたちになっていなかったり

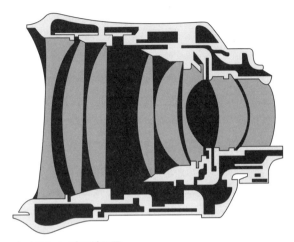

カメラレンズの断面図
11 枚のいろんな形状のレンズを配置している。

なんてことはしばしばです。そんなとき、どこまでが想定通り
で、どこに問題があるかを限られた情報の中から推測し、一緒に
作っている仲間に知らせてともに改善していく作業が求められま
す。

　いずれの側面においても、私の仕事では多分に「現状把握」→
「既存知識を使った分析」→「改善点の推測」→「次の対策の決
定と実行」→「結果の分析（＝現状把握に戻る）」、という流れを
繰り返していくことになります。つまり「思考力」を使うことが
必須の仕事です。

　他にも、物理式を展開して性能指標を作ったり、開発方針の決
定のために設計モデルやフローチャートを作成したり、実験計画
やトラブル要因分析のために MECE を用いたり、と思考力を活

用する場面は多々あり、現在も自分のスキル向上のために学びを続けています。

↑↑↑↑↑↑↑↑↑↑↑↑↑前田君↑↑↑↑↑↑↑↑↑↑↑↑↑↑

　いかがでしたか？異なる分野で活躍し、そして変人ぶりを発揮しておられる3人の話から、思考力は高い汎用性を持つことを理解されたことと思います。思考力を鍛える意欲がさらに湧いてきたところで、その詳細に踏み込んでいきましょう。

1-3　高校数学で思考力を鍛える

　私の教師としての学びの変化を振り返ってみようと思います。

　初任校では、たくさんの問題集、参考書の問題を解いて、大量の問題とその解法を寄せ集めていました。2校目では多様な生徒がいたことから、授業で扱う問題の精選のために入試問題を解きました。3校目では、教科書をいかに分かりやすく伝えるかを考えました。

　初任校の「教科書を教える段階」から、2、3校目の「教科書で高校数学を教える段階」へ、そして現在は高校数学で思考力を鍛える段階へと成長してきたと感じています。

　今から思えば、高校数学に関して、正に守破離と学んできました。最初は、人（参考書等）の真似をしていました。次に、自分なりに高校数学を解釈し、授業に反映するようになりました。そして、現在は、数学を通して私に何ができるかを考えています。

偶然とはいえ、このように私の学びが有機的に繋がったのは、常に生徒に還元するために、「なぜ？」を重視し、**自分で考えながら学び、言語化**してきたからだと思います。

　私は結果的にこのように学びましたが、読者の皆さんには、意識的かつ主体的に、「守破離」のステップで、「自分で考えながら学び、言語化」しながら学びを進めてほしいと思います。

「なぜ？」が意識されていれば、どんなことからでも思考力を鍛えることができますが、最適な題材は高校数学だと思います。

　中学生、高校生から社会人、リタイアされた方まで、幅広い年齢層において、高校数学が思考力を鍛えるために有効な理由をいくつか挙げます。

・教科書、問題集、参考書が充実しているため、大金を払わず独学がしやすい

　　最低、筆記用具と紙とやる気さえあれば、大丈夫！

・多くの人に学んだ経験があるため、質問したり、共通の話題にすることができる人が周囲に見つかりやすい

・大学入試問題は、一般的に難易度が大学の偏差値に比例している

　　基礎から学びたい、難しい問題に挑戦したい、…といった要望に合わせることが容易

・解法は複数あるが、解答が基本的に1つになる

　確かに実社会では明確に1つの解答になることはありませんが、そのような問題を自分ひとり、または周囲の人と話し合っても、より良い解答があるかもしれないため、自己満足に終わる危険性があります。その点、高校数学は模範解答があるため、（初期の）練習としては最適です。

　そして、一番の利点は、「何度間違えても、どれだけ考え続けても、他人に迷惑がかからない」ことです。

　本書では、そのような利点を持つ高校数学の中でも、数学Aで学ぶ「場合の数と確率」を題材とします。その理由も簡単に説明します。

場合の数

　何パターンあるか数え上げるという単純な目標があり、四則演算を必要とするくらいで、前提となる知識が比較的少なく、図や表を通してイメージを掴みやすいという利点があります。また、思考過程の振り返り、修正、改善が容易です。ビジネスで用いられる「MECE」、「ロジックツリー」に繋がる思考を、それぞれ場合分け、樹形図を通して学ぶこともできます。

確率

　直感（感覚）と論理の両者を組み合わせ、直観力をつける練習
として有効です。第 3 章で詳しく述べますが、確率は 0 と 1 の間
にあり、直感的に求められる部分が多くありますので、直感の重
要性と、それを裏付ける論理を学ぶ好機となります。また、確率
は 0 と 1 の間にありますが、直感とズレが生じる場合があります
ので、直感のみに頼ることの危うさと、論理の重要性を学ぶこと
ができます。

　ところで、思考力はいつ鍛えられると思いますか？
　問題が解けたときでしょうか？知識を増やしたときでしょう
か？

　考えているその瞬間に思考力は鍛えられます！
　一生懸命考えさえすれば、問題を解けなくても良いのです。

　思考力を鍛えるためには、大切な「3 つの P」があります。そ
れは何でしょうか？

　Practice、Practice、Practice です。誰にも迷惑をかけない数
学を題材に、思い切り悩み抜いてください！
　そうは言いましても、思考力を鍛えるにはコツがあります。た
だ Practice を重ねるだけでなく、同時に「3 つの F」が重要で
す。それは何でしょうか？

Focus、Feedback、Fix です。これらは順序も大切です。集中（Focus）して取り組み、良い点と悪い点を洗い出し（Feedback）、改善（Fix）するということです。

自己流で思考するのではなく、スポーツの技術と同様に、正しく反復することが大切です。間違った方法で反復すると、間違った方法に習熟するだけですから…。

私は、数学教師ですから、用語の定義にうるさいです。そこで、本書では、基礎と基本を区別して用います。辞書的な意味ではなく、基礎と基本は何が違うでしょう？

建築物の土台部分の工事をするとき、基礎工事とは言いますが基本工事とは言いません。建築物を設計するとき、基本設計とは言いますが基礎設計とは言いません。ということで、以下のように区別します。

基礎…土台となるもの

基本…全体を貫くもの

本書では木をイメージして、基礎は「根」、基本は「幹」とします。張り巡らされた「基礎の根」から、立派な「基本の幹」を伸ばし、豊富な枝や葉のある思考の木を育てましょう！

それでは、次節の基礎、基本を踏まえて、正しく思考のPracticeを重ねましょう！

1–4　知識と思考

　本書では思考力を、「知識を活用して、より良く生きる力」と定義しました。「思考力なのに知識？」と思われたかもしれませんが、知識がないと深く考えることは出来ません。突然ですが、あなたは岐阜県の長所、短所について考えることができますか？岐阜県の位置すら分からない方は言うに及ばず、淡墨桜、鵜飼、郡上踊り以上のことを多少は知っていなくては無理ではないでしょうか。

　まずは、最低限の知識があることが思考の大前提ですから、本書では、どのように知識を得、それを基に思考するかを、解説、練習していきます。

知識

　与えられた通り覚えたものが知識ですか？
　ただ 1 つの正しい知識、というものがありますか？

　知識は、自分で獲得するものです。また、個人個人によって、さらには同じ人でも過去と現在とで、異なっていて構いません。誰一人、同じ人生は送っていませんので、全ての人の知識は異なっていて当然です。知識とは完璧でないと嘆くものではなく、各個人が自分自身でアップデートしていけば良い**動的**なものです。

人類としても、異なった個性、バックグラウンドを持つ人々が、それぞれの知識を活用することで創造し、科学技術等が発展してきたのだと思います。このように、知識は活用されることで真価を発揮するものですから、何を知っているかだけではなく、その知識を「どのように知っているか、どのように活用できるか」がより大切です。知識は量より質、すなわち、深く理解し、それらにまとまりや繋がりがあり、**体系化**されていることが重要です。

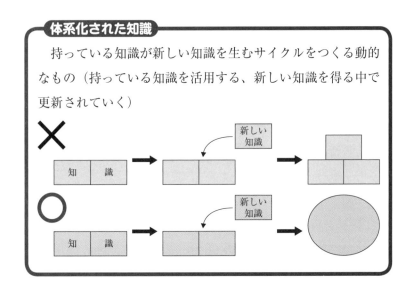

　皆さんは、「三角形の内角の和が180°である」ことをご存知だと思います。

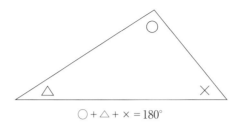

$$\bigcirc + \triangle + \times = 180°$$

この定理を証明できますか？

次のような補助線を入れて証明できます。

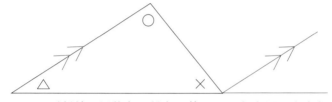

ここで、平行線の同位角、錯角が等しいことを用いますと、

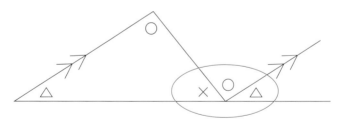

丸で囲まれた部分は、合計 180° になりますので、証明完了ですね！

　学習する中で知識の繋がりを大切にしているかが、数学の理解の「深さ」における大きな差になります。断片的な暗記ではなく、「三角形の内角の和が 180° であることは、平行線の同位角と錯角の性質から当然！」と、ストーリーがあることがポイントです。

全ての定理の証明を覚えてください、と言うつもりはありません。しかし、このように「基礎、既知の事項を組み合わせて、新しい事項を導く過程」を重視してください。忘れても良いですから、少なくとも一度、この過程を重視することが、知識を得ると同時に、物事の理解の仕方を蓄積し、思考力を鍛えることに繋がります。

思考

　このように得た知識を自由自在に活用することで思考します。

　高い壁で仕切られた迷路、どう抜け出しましょうか？

　まずは、スタートからいずれかの方向に一歩進んでみるしかありません。すなわち、できることに**分解**することから取り組んでいきます。そして、行き止まりで引き返しながら、正解（全体像）に辿り着く、すなわち、**統合**することでゴールに辿り着くことができます。

　思考は、「分解」と「統合」の2ステップです。すぐに解けない問題を「分解」、「統合」という2ステップで思考することを知るだけでも、思考が大きく変わると思います。

　「統合」を意識しながら「分解」しなければなりません。逆に「統合」する際、「分解」の考察を踏まえることが必要となることもあります。今の自分の視点と、それと異なる視点からの、

「複数の眼があるかのような（的）思考」、すなわち複眼的思考が大切です。

　思考を矢印に例えますと、「始点と向きは直感」を、「長さは論理」を表すと考えると良いと思います。

　平面図形でどのように補助線を引くかと問われると、簡単に解ける問題であっても、説明は容易ではないと思います。二等辺三角形で頂角の二等分線を引く、平行四辺形で対角線を引くといった定番の補助線でなければ、論理ではなく、直感で引き、試行錯誤を通して適切な補助線が引けるのではないでしょうか。このように、思考が的外れな方向に進まないように始点と向きを決める「直感」と、その向きに多少の障害があっても進み切る「論理」の両者が同様に重要です。「部分と全体」、「直感と論理」、「特殊と一般」、「既知と未知」、「主観と客観」、…と、これらを柔軟に行き来する思考をもたらすのも「複眼的思考」です。それでは、具体的な Feedback のために、「複眼的思考」の分解を進めます。

「なぜ？」、「本当に？」、「だから？」、「でも」、「要するに」、…といった「言葉」が、思考を深めたり、切り替えたりするために重要です。「なぜ？」等と感じる知的好奇心も含め、自分の考えを、異なる眼から客観的に見る批判的思考が「複眼的思考の基礎」となります。

「問題」と「自分自身の知識」の間に、問題を「分解」し、それを「統合」します。このように、自分から問題を見る、問題から自分を見るといった**双方向思考**が大切です。

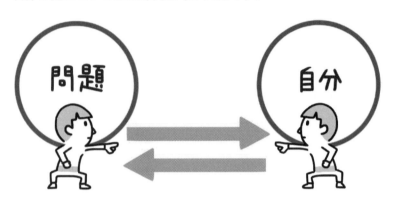

　皆さん、胸の前で、水平かつ時計回りの円を描いてください。そして、そのままその円を、ゆっくりと頭上まで上昇させてください。

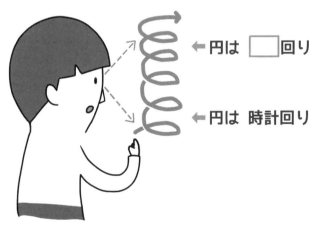

　さあ、円はどうなりましたか？

　円が「反時計回り」になりましたね。

　このように同じものでも、どこから見るかによって、反対に見えることさえあります。皆さんも、初めは難しいと思った問題が、視点を変えると簡単に解くことができた経験がおありかと思います。「複眼的思考」においては、「異なる眼でどこから見るか（思考するか）」が大変重要です。それでは、次の問いに答えてください。

　地球上のある場所と時代を特定するにはどうしますか？

「海抜」、「緯度と経度」、そして「時刻」の３つが与えられたら特定できますよね！どこから複眼的に思考するかを、これら３つを基準に分解します。

微積思考

複数の距離、視角から見る思考…「海抜」

「**複眼的思考の基本**」となり、部分と全体、すなわち「分解」と「統合」の両面から思考することも、この思考に当たります。

微分は顕微鏡のように細部を拡大する、積分は細かいものを集める発想ですので、それになぞらえて命名しました。

多角思考

複数の異なる角度から見る思考…「緯度と経度」

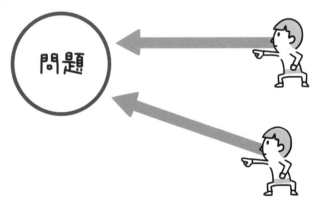

時間軸思考

　過去、現在、未来と異なる時間から見る思考…「時刻」

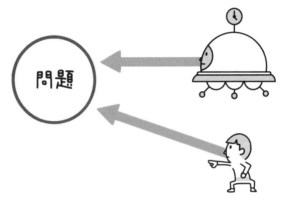

　具体的には、巻き戻し、早送り、前提条件の確認、検算等が該当します。

　ここまで思考の言語化を進めてきましたが、言葉（論理）にできることが全てでないことは、まだ言葉を十分に話せない幼児を思い浮かべれば明らかだと思います。しかし、言語化できる「形式知」が増えると、言語化できない「暗黙知」がより一層増えると思います。氷山の一角というように、「形式知（氷の水上の部分）」は「暗黙知（氷の水中の部分）」より小さく、水上の氷が大きくなると、それ以上に水中の氷が増えることと同じです。すなわち、ここまでの分解を基にして思考を言語化し振り返る（Feedback）ことで、直感と論理を組み合わせた直観が磨かれます。この振り返りも時間軸思考であり、「解けた後」、解けなくても「答えを見た後」の Fix までが勝負です！

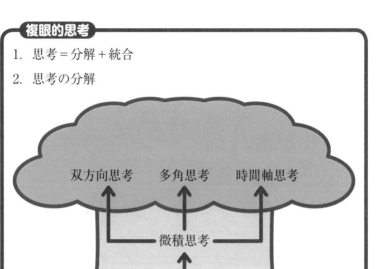

複眼的思考

1. 思考 ＝ 分解 ＋ 統合

2. 思考の分解

双方向思考　　多角思考　　時間軸思考

微積思考

批判的思考

3. 思考の言語化された Feedback と Fix

　それでは、実際にはここまで意識して解くことはありませんが、次の問題を通して、詳しく思考を言語化してみます。

問題

　1歩で1段または2段のいずれかで階段を昇るとき、15段の階段を昇る昇り方は何通りあるか。

　まず、随分たくさんありそうだな、という**直感**が大切です。

　それでは、問題を**分解**してみましょう。

　15段の階段を昇る昇り方を考えますので、**微積思考**で小分け

にしまして、1 段、2 段、3 段、…と小さい段数から考えてみます。

　1 段の階段を昇る昇り方は、下図の 1 通りです。

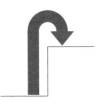

　2 段の階段を昇る昇り方は、下図の 2 通りです。

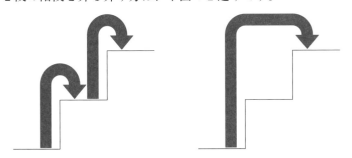

　これらをそれぞれ「1 + 1」、「2」と表記することにします。

　3 段の階段を昇る昇り方は、

　　1 + 1 + 1、1 + 2、2 + 1

　　の 3 通りです。

　4 段の階段を昇る昇り方は、

　　1 + 1 + 1 + 1、1 + 1 + 2、1 + 2 + 1、2 + 1 + 1、2 + 2

　　の 5 通りです。

　5 段の階段を昇る昇り方は、

　　1 + 1 + 1 + 1 + 1、1 + 1 + 1 + 2、1 + 1 + 2 + 1、1 + 2 + 1 + 1、

2+1+1+1、1+2+2、2+1+2、2+2+1

の8通りです。

1段から5段まで求めてみました。この調子で15段まで求めても良いですが、続けますか？嫌ですよね！それでは、ここで**双方向思考**に登場してもらいましょう！

ゴールから考えてみます！この5段に10段も追加された15段の階段の昇り方が求められたときはどのような状況になっているでしょうか。15段が求められる状況ならば、20段でも、30段でも、50段でも頑張れば求められそうですね。ということで、何らかのルール、法則がないか考えてみます。

ここからが**統合**のステップになります。それでは、先程の結果を列挙してみましょう。

1段	2段	3段	4段	5段	…
1通り	2通り	3通り	5通り	8通り	…

何通りあるかに、ルールはあるでしょうか？

1段	2段	3段	4段	5段	…
1通り	2通り	3通り	5通り	8通り	…

このように、1+2=3、2+3=5、3+5=8と「前の2つのパターン数の和」になっていますね。具体的に1段、2段、3段、4段、5段と考えてきましたが、再度**微積思考**をして、一般の場合を考えてみましょう。

n 段の階段を昇る昇り方が a_n 通りあるとしますと、
$a_{n+2} = a_{n+1} + a_n$ であると予想できますね。

それでは、図をかいて確認してみます。2 段追加した、$n+2$ 段
の階段を昇る昇り方は

$n+1$ 段目から 1 段　n 段目から 1 歩で 2 段　n 段目から 1 段ずつ

よって、$a_{n+2} = a_{n+1} + a_n + a_n = a_{n+1} + 2a_n$ となります。

批判的思考は働かせていますか？先程の予想
$a_{n+2} = a_{n+1} + a_n$ と異なり、$a_{n+2} = a_{n+1} + 2a_n$ という結果になってし
まいましたね…。それでは、$a_{n+2} = a_{n+1} + 2a_n$ と $a_{n+2} = a_{n+1} + a_n$ の
どちらが正解でしょうか？

具体例から予想した $a_{n+2} = a_{n+1} + a_n$ が正しいですね！上図の 3
つ目は、n 段目から 1 段ずつ昇りますから、$n+1$ 段目を経由して
いますので、下図の色のついた場合はかぶっています。

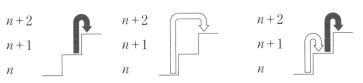

$n+1$ 段目から 1 段　n 段目から 1 歩で 2 段　n 段目から 1 段ずつ

ということは、3つ目は足し算にいれてはいけないですから、
$a_{n+2} = a_{n+1} + a_n$ が正しいと一般の場合にも確認ができました！

よって、「前の2つのパターン数の和」を次々求めますと、

6段の階段を昇る昇り方は、　　　　5+　　8＝　13（通り）
7段の階段を昇る昇り方は、　　　　8+　13＝　21（通り）
8段の階段を昇る昇り方は、　　　　13+　21＝　34（通り）
9段の階段を昇る昇り方は、　　　　21+　34＝　55（通り）
10段の階段を昇る昇り方は、　　　　34+　55＝　89（通り）
11段の階段を昇る昇り方は、　　　　55+　89＝144（通り）
12段の階段を昇る昇り方は、　　　　89+144＝233（通り）
13段の階段を昇る昇り方は、　　　144+233＝377（通り）
14段の階段を昇る昇り方は、　　　233+377＝610（通り）
15段の階段を昇る昇り方は、　　　377+610＝987（通り）

答えが求まりました！
　しかし、答えが得られたことに満足せず、その後の「Feedback
と Fix」こそが重要です！

　卵が先か、鶏が先かと同様に、知識が先か、思考が先かと問わ
れれば、その答えはもちろん知識です！しかし、始まりは知識で
すが、その後思考しながら動的な知識を得ることが大切です。具
体的には、「掘り下げる」、「応用する」、「発展する」、さらには
「組み合わせる」といった思考により知識を活用し、それにより

知識同士が関連付けられたり、階層化されたりと体系化されていくイメージです。

知識の活用

このように活用することで体系化された知識は、自転車の乗り方を体が忘れないように、いつまでも脳のどこかに刻み込まれることでしょう。

本書では、基礎となる知識を限定し、Ａそれを活用して思考する、Ｂその中で新たな知識を得る、Ａさらにそれを活用して思考する、Ｂその活用を通してさらに知識を体系化する、…、という知識と思考の正のサイクルを回すことを大切にします。

1-5　本書の構成

　2019年度の入試で初めて、東京大学、京都大学ともに出題意図が公開されましたので、今度は京都大学の数学（文系）の出題意図を引用します。

　京都大学の第二次個別学力検査「数学（文系）」では、論理性、計算力、数学的な直観、数学的な表現といった数学に関する多様な基礎学力を総合的に評価することを念頭において出題しています。このため論証問題はもちろんのこと、値を求める「求値問題」でも答えに至る論理的な道筋も計れるように出題しています。また証明や論理的な道筋の説明については、必要条件や十分条件に配慮した適切な表現で解答されているかどうかを見るように、出題の形式や問い方を工夫しています。

　続いて、確率の大問の出題意図を引用します。

　文章で記述された「事象」を数学として的確に理解し、その確率を計算する力を問うた。

　東京大学は「総合力（知識・技術を含む）」に、京都大学は「思考力」に力点を置いていることがお分かりかと思います。過去何十年の過去問を見ますと、各大問において、次のようにグラフ化できると思います。

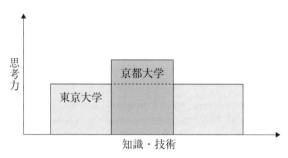

　このような意図を持って出題された問題を解くために、何が必要でしょうか？大量の解法を暗記して当てはめるのも一つの手かと思います。しかし本書では、どんな問題が出題されたとしても、基礎、基本をベースに「思考する」ことに重点をおきます！「幅広い知識と同時に思考力を要求する東京大学の問題」と「小問による誘導が少なく、試験場で考えて解く力を測る京都大学の問題」を、最終章である第5章で扱います！そこで思考力を鍛えるための最短の助走が、「体系化された知識」を得るために準備された第2章から第4章です。本書は全体を通して思考力を鍛えられるように意図されていますが、第5章に向けて各章は次のような目的を持って構成されています。

　第2章と第3章では、場合の数と確率に関する少数の「基礎、基本」を基にして思考しながら、体系的に理解することに重点をおきます。
　第4章では進学校が採用する教科書の章末問題レベルの問題を扱い、第2章、第3章で得た知識を活用して思考しながら、知識をさらに体系化していきます。

第2章から第4章を通して、持っている知識を基にして思考する中で、知識がより深く、発展性のあるものにアップデートされることを体験していただけたらと思います。

　そして、第5章では東京大学と京都大学の良質な入試問題の中でも、思考力を鍛えるために最適な問題に挑戦することを通して、飛躍的に思考力を高めましょう！

各章における知識と思考の比率のイメージ

	知識：思考
第2章	8：2
第3章	7：3
第4章	6：4
第5章	0：10

　本章では、思考を思考（分解と統合）してきましたが、読者の皆さんはご自身で思考しながら読んでおられますか？

　考えているその瞬間に思考力は鍛えらえることをお忘れなく！

第2章　場合の数の基礎・基本

　ここからの3節がスタートとなる知識です。それらを基にして思考しながら、場合の数の基礎、基本を確立しましょう！

2-1　場合の数とその基礎

　場合の数では**もれなく重複なく数える**ことが大原則です。そのためには、全て正確に書き出してしまうのが最も分かりやすい方法だと思います。

　それでは、朝食にトーストかサンドイッチ、飲み物にコーヒーか紅茶かミルクが選べるとすると、選択肢は何通りありますか？

　6通りですよね。今回の簡単な例で、**樹形図**を確認しておきましょう。

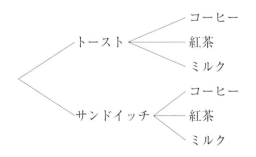

そこまでたくさんの場合が出ないときは、樹形図を使って、全パターン（またはその一部）を列挙し、数えてしまうのが、面倒ではありますが良いと思います。

　皆さんは6通りをどのように求めましたか？

　多くの方は、トーストかサンドイッチの2通り、それぞれに対してコーヒーか紅茶かミルクかの3通りがある場合、2×3＝6（通り）と求めたのではないでしょうか。これを**積の法則**と呼びます。

　または、トーストを選んだ場合はコーヒーか紅茶かミルクかの3通り、同様にサンドイッチを選んだ場合もコーヒーか紅茶かミルクかの3通りがありますから、3＋3＝6（通り）と求めることもでき、これを**和の法則**と呼びます。

　樹形図、積の法則、和の法則は、場合の数を求める基礎になります。1問練習してみましょう！

例題

　A、Bの2チームが3戦先勝のゲームをしている。勝敗の決まり方は何通りあるか？

　答えは19通りです。

「んなわけあるか！」と思いましたか？初戦でAが勝つ場合のパターン数と、Bが勝つ場合のパターン数は同じはずですから、全体としては偶数のパターン数となるはずです。こういった直感を養うことが思考力を伸ばすために大変重要です。樹形図はかけ

ましたか？解答は以下の 20 通りです。

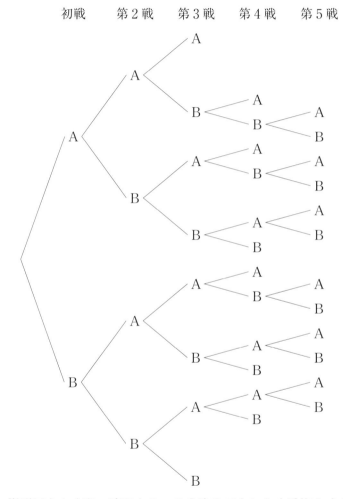

初戦　　　第 2 戦　　　第 3 戦　　　第 4 戦　　　第 5 戦

　樹形図をかく際、**適切なルールを決めてもれなく重複なくかく**ことが大切です。上の解答例の場合には、A が勝つ場合を優先してかいています。

次のように、「試合数の少ない順」、続いて「Aが勝つ場合」を優先してかいても良いと思います。

```
初戦      第2戦     第3戦     第4戦     第5戦

A ——— A ——— A
B ——— B ——— B

    A ——— B ——— A
A <
    B ——— A ——— A
B ——— A ——— A ——— A
A ——— B ——— B ——— B
    A ——— B ——— B
B <
    B ——— A ——— B

    A ——— B ——— B ——— A
A < B ——— A ——— B ——— A
    B ——— B ——— A ——— A

    A ——— A ——— B ——— A
B < A ——— B ——— A ——— A
    B ——— A ——— A ——— A

    A ——— B ——— B ——— B
A < B ——— A ——— B ——— B
    B ——— B ——— A ——— B

    A ——— A ——— B ——— B
B < A ——— B ——— A ——— B
    B ——— A ——— A ——— B
```

　もれや重複が出にくい方法をみなさん自身で工夫して考えられると良いと思います。

　20 通り、ミスなく求められましたか？人間ですからミスを完全になくすことはできませんが、減らす方法が 2 つあります。
　1 つ目は、解きながら随時、ここまでにミスはないかと振り返る、すなわち**時間軸思考（批判的思考）**をすることです。2 つ目は、問題を俯瞰して考え、先程のように解答が偶数にならないとおかしいと気づく、すなわち**微積思考**をすることです。

　初戦で A が勝つパターン数と、B が勝つパターン数は同じでしたか？
　初戦で A、B が勝つそれぞれについて、3 戦、4 戦、5 戦で勝敗がつく場合は同じパターン数ずつありましたか？

　このように振り返りを違った視点で行える、すなわち**多角思考**ができると、さらにミスは減らせます。
　要するに、思考力がつけば、自然とミスが減るということですね！

　どれだけたくさんあろうと、ミスせず全部数え上げてしまえば良いのですが、人生は有限ですから数え上げることが必ずしも最善の方法ではありません。そこで、樹形図、積の法則、和の法則の 3 つの基礎に加えて、続く 2 節で 3 つの基本を紹介します。

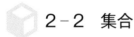 2-2　集合

　本節では、様々な集合について説明します。

　集合とはもちろん集まりのことですが、「数学のできる人の集合」は数学的には集合ではありません。数学ができるかどうかの基準は、人によって変わりますよね。範囲がはっきりしたものの集まりを、数学では**集合**と呼びます。

　また、1 から 10 までの偶数全体の集合 A の表記には、

①　要素を書き並べる方法

$$A = \{2, 4, 6, 8, 10\}$$

または

②　要素の代表の満たす条件を書く方法

$$A = \{2n \mid n = 1, 2, 3, 4, 5\}$$

がありますので、覚えておいてください。この 2、4、6、8、10 のことを**要素**といいます。2 が集合 A の要素であることを、2 が集合 A に**属する**といい、

$$2 \in A$$

と表記します。また、3 は集合 A の要素ではないので

$$3 \notin A$$

と、表記します。

　次に集合同士の関係に進みます。

　2 つの集合 $A = \{1, 2\}$、$B = \{1, 2, 3\}$ のように、A のどの要素も B の要素であるとき、$A \subset B$ と表記し、A は B の**部分集合**であ

る、A は B に**含まれる**といいます。

　続いて、複数の集合についての用語を説明していきます。

　集合 A と B の**共通部分**（$A \cap B$）は、A と B のどちらにも属する要素全体の集合です。**ベン図**（Venn diagram）を用いて視覚的に表しますと、下図のようになります。

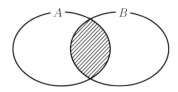

　集合 A と B の**和集合**（$A \cup B$）は、A と B の少なくとも一方に属する要素全体の集合です。ベン図では下図のようになります。

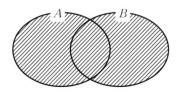

　補集合は集合 A に対して、A に属さない要素全体の集合で、$\overline{A}$ と表記します。$\overline{A}$ を考えるときには、まず**全体集合 U** を定義し、その範囲内で補集合を考えます。ベン図では下図のようになります。

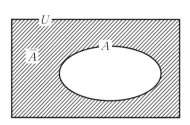

これら3種類の集合とその記号を使いこなすために、練習をしていきましょう。それでは以下の集合はどのように表記しますか？

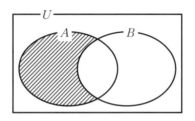

　集合 A に属し、かつ、集合 B に属さない要素全体の集合なので、$A \cap \overline{B}$ となります。

　次は右の集合です。

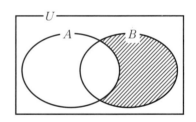

　集合 A に属さず、かつ、集合 B に属する要素全体の集合なので、$\overline{A} \cap B$ となります。

　それでは、これはどうでしょうか？

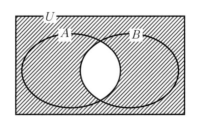

$A \cap B$ の補集合ですから $\overline{A \cap B}$ ですね。皆さんこのように答えましたか？ $\overline{A \cap B}$ と答えた方は、和集合を使った他の解答も考えてみてください。

分かりましたか？「A の補集合、または、B の補集合」と捉え、$\overline{A} \cup \overline{B}$ としても良いですよね。

A の補集合 $\overline{A}$

B の補集合 $\overline{B}$

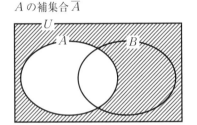
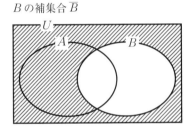

ということは、$\overline{A \cap B} = \overline{A} \cup \overline{B}$ が成り立ちますね。

最後に、もう一つ考えてみましょう。

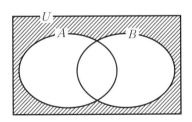

$A \cup B$ の補集合ですから、$\overline{A \cup B}$ となりますね。皆さんこのように答えましたか？ $\overline{A \cup B}$ と答えた方は、共通部分を使った他の解答も考えてみてください。

「A の補集合、かつ、B の補集合」、ですから $\overline{A} \cap \overline{B}$ ともかけますね。

ということは、この場合は $\overline{A \cup B} = \overline{A} \cap \overline{B}$ が成り立ちますね。

最後の 2 問の中で導かれた等式

$$\overline{A \cap B} = \overline{A} \cup \overline{B}、\quad \overline{A \cup B} = \overline{A} \cap \overline{B}$$

で表される関係を**ド・モルガンの法則**といいます。

 ## 2−3　集合の要素の個数

先程、例として挙げました、1 から 10 までの偶数全体の集合 A は、$A = \{2, 4, 6, 8, 10\}$ ですから、要素の個数は 5 個です。これを $n(A) = 5$ とかきます。

要素を 1 つももたない集合を**空集合**といい、ϕ と表記します。もちろん、$n(\phi) = 0$ です。

それでは、様々な集合の要素の個数を求めてみましょう。

例題

　1 から 100 までの自然数の中に、次のような数はいくつあるか。

（1）3 の倍数

（2）7 の倍数

（3）21 の倍数

（4）3 または 7 の倍数

（5）3 で割り切れない数

（1）は、3、　　6、・・・、99、　　数えやすいように書き直すと、

　　　$3 \cdot 1、3 \cdot 2、\cdots、3 \cdot 33$　の 33 個、

（2）は、7、　　14、・・・、98、　　数えやすいように書き直すと、

　　　$7 \cdot 1、7 \cdot 2、\cdots、7 \cdot 14$　の 14 個、

（3）は、21、　　42、　　63、　　84、　　すなわち

　　　$21 \cdot 1、21 \cdot 2、21 \cdot 3、21 \cdot 4$　の 4 個です。

（4）は、（1）と（2）から　$33 + 14 = 47$（個）は間違いですね。
（1）の 3 の倍数全体の集合を A、7 の倍数全体の集合を B としますと、3 または 7 の倍数全体の集合はどのような集合でしょうか？

$A \cup B$ ですから、ベン図でかきますと、下図のようになりますね。

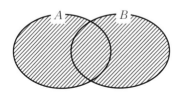

ですから、(1) と (2) を純粋に加えるだけですと、

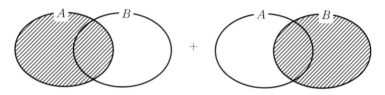

となりますから、すでに (3) で求めた A と B の共通部分 $A \cap B$

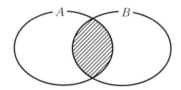

を重複して2回数えてしまっていますよね。実際、例えば21は3・7として3の倍数、7・3として7の倍数、の両方で数えています。ということで、(4) は

$$n(A \cup B) = n(A) + n(B) - n(A \cap B) = 33 + 14 - 4 = 43 \ (個)$$

です。

(5) は、3の倍数を抜いた集合、1、2、4、5、7、8、・・・、97、98、100 を、

$$1 = 3 \cdot 1 - 2 \qquad\qquad 2 = 3 \cdot 1 - 1$$
$$4 = 3 \cdot 2 - 2 \qquad\qquad 5 = 3 \cdot 2 - 1$$
$$7 = 3 \cdot 3 - 2 \qquad\qquad 8 = 3 \cdot 3 - 1$$
$$\cdots \qquad\qquad\qquad \cdots$$
$$97 = 3 \cdot 33 - 2 \qquad\quad 98 = 3 \cdot 33 - 1$$
$$100 = 3 \cdot 34 - 2$$

としますと、左側で 34 個、右側で 33 個の合計 67 個となります。

ですが、せっかく（1）で 3 の倍数は 33 個と分かっていますので、もっと簡単に求められないでしょうか？ベン図に登場してもらいましょう。今求めたいのは、3 の倍数全体の集合 A に対して、どのような集合になるでしょう？

そうです！3 で割り切れない数全体の集合は、3 の倍数全体の集合 A の補集合 $\overline{A}$ です。

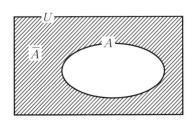

よって、全体集合である、1 から 100 までの自然数全体の集合の要素の個数である 100 から、3 の倍数の個数である 33 を引けば、

$$n(\overline{A}) = n(U) - n(A) = 100 - 33 = 67 \text{（個）}$$

と求められますね。

一般に、以下のようになります。

（4）の計算のように、和集合の要素の個数は

$$n(A \cup B) = n(A) + n(B) - n(A \cap B)$$

（5）の計算のように、補集合の要素の個数は

$$n(\overline{A}) = n(U) - n(A)$$

少しレベルアップした問題に挑戦してみましょう。

追加例題

　1から100までの自然数の中に、次のような数はいくつあるか。

（6）3でも7でも割り切れない数

（7）3では割り切れるが、7では割り切れない数

（6）も（7）もベン図を用いて、どこを求めたいのか考えていきましょう。

（6）は

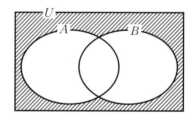

（7）は

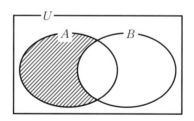

ということは、（6）は $\overline{A \cup B}$、（7）は $A \cap \overline{B}$ ですから、どのように計算しましょう？

先程の補集合の要素の個数の公式を思い出しながら考えると、

(6) は　$n(\overline{A \cup B}) = n(U) - n(A \cup B) = 100 - 43 = 57$（個）

(7) は少し発展問題ではありますが、

$n(A \cap \overline{B}) = n(A) - n(A \cap B) = 33 - 3 = 30$（個）です。

今回の例題、追加問題を解く中で、用いた計算の工夫を、今後の「基本」としてまとめます！

基本 1　(1) で用いた発想です。

3 の倍数は

3、　　6、　　9、　・・・、　96、　　99、　すなわち

$3 \cdot 1$、$3 \cdot 2$、$3 \cdot 3$、・・・、$3 \cdot 32$、$3 \cdot 33$

ですから 1 から 33 までの 33 個、と求めた、

同じパターン数の数え易いものを数える

という工夫です。

基本 2　(4) で扱った $n(A \cup B) = n(A) + n(B) - n(A \cap B)$ のように

余分に数えて引く

という工夫です。

(5) でも 100 個の中には 3 の倍数が 33 個ありますので、$100 - 33$ で 67 個と求めましたよね。

基本3 （1）の3の倍数は、100を除く、1から99までの中には、3で割り切れる数、3で割ると1余る数、3で割ると2余る数が等しくあるので　99÷3　で33個とも求められます。

同じものと数えるパターン数で割る

という工夫です。

　意識して自分の考えを振り返り、無意識に使っているこれらの基本的な工夫を客観的に考える、「複眼的思考」ができるようになりましょう。

　樹形図、積の法則、和の法則の3つが「根（基礎）」、この2ページでまとめた基本1、2、3が「幹（基本）」です。これらの6つを基にして、『もれなく重複なく数える』が大原則である「場合の数の木」を育てましょう！

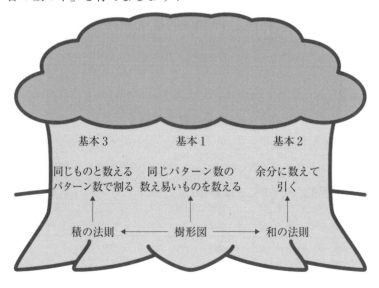

2 - 4　順列

　　1 ～ 4 の 4 つの数字から異なる 3 つを選んで作ることので
きる 3 桁の数はいくつあるか？

樹形図をかいて求めてみましょう。

$$
1 - 2 < {3 \atop 4} \quad 1 < {3 \atop 4}
$$

以上の 24 通りです。このように数字等を順序をつけて 1 列に
並べる配列を**順列**と呼びます。大変規則的な樹形図ですから、続
いて計算で求めてみましょう。

　　百の位が 1 ～ 4 の 4 通り、十の位は百の位の数字以外の 3 通
り、一の位は百の位と十の位の数字以外の 2 通りですから、積の
法則により、4 × 3 × 2 ＝ 24（通り）と計算できますよね。

これを 4 個から 3 個取る順列と呼び、順列は英語で Permutation ですので、頭文字の P から、その総数に $_4P_3 = 4 \times 3 \times 2$ と計算用の記号をあてます。一般に、

$$_nP_r = n(n-1)(n-2)\cdots(n-r+2)(n-r+1)$$

です。ページ数の都合もあり、P を用いて解答をつくりますが、本書は思考力を鍛えることが目的ですので、樹形図を思い浮かべ、積の法則で計算することを大切にしてもらえたらと思います。

問題 1

1～3 の 3 つの数字全部を 1 列に並べて作ることのできる 3 桁の数はいくつあるか？

$_3P_3 = 3 \times 2 \times 1 = 6$（個）ですね！これを **3 !**（読み方は 3 の**階乗**）といいます。

一般に、$n! = n(n-1)(n-2)\cdots 3 \cdot 2 \cdot 1 = _nP_n$ です。

問題 2

0～3 の 4 つの数字から異なる 3 つを選んで作ることのできる 3 桁の整数はいくつあるか？

$_4P_3 = 4 \times 3 \times 2 = 24$（通り）ではありません。間違えませんでしたか？

数字に 0 が含まれていると、少し状況が変わります。

百の位に 0、十の位に 1、一の位に 2 を選ぶと 012、すなわち 12 ですから、2 桁になってしまいますよね。ですから、3 桁の整数という制約があるため、0 は百の位に持ってきてはいけないのです。

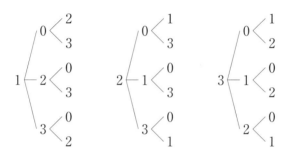

ということで、正解は百の位が 1 ～ 3 の 3 通り、十の位は 0 と百の位の数字以外の 3 通り、一の位は百の位と十の位の数字以外の 2 通りですから、 $3 \times 3 \times 2 = 18$（通り）

問題 3

　0 ～ 3 の 4 つの数字から異なる 3 つを選んで作ることのできる 3 桁の偶数はいくつあるか？

3 桁と指定されていますから、0 は百の位に持ってきてはいけないですね。

樹形図をかいていきましょう。

百の位　十の位　一の位

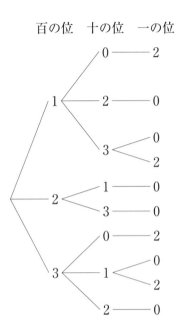

　このように、百の位→十の位→一の位と進め、樹形図をかく
と、答えは 10 個と分かりました。しかし、もっと多くの数字か
ら選ぶ場合に発展させられる解法を考えましょう。

　百の位に 0 を持ってきてはいけないことと並行して、今回は偶
数という条件もありますので、一の位にも制限がありますね。と
いうことで、一の位、百の位、十の位と進めてみましょう。

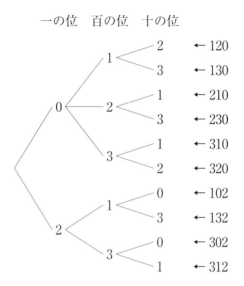

　このように条件がある位から先に処理しますと、何の条件もない十の位が全て2通りとなり、計算で処理しやすくなります。今回は計算で、

$$\underline{3 \times 2} \quad + \quad \underset{\sim\sim\sim}{2 \times 2} = 10（個）$$

$$\uparrow \qquad\qquad \uparrow$$

$$一の位が0 \qquad 一の位が2$$

　条件は先に処理すると、終盤は規則的な樹形図になるため、処理をする順序を入れかえることで**基本1「同じパターン数の数え易いものを数える」**ことができ、計算で求めやすくなります。

振り返り

$$順列（{}_nP_r、n!）$$

↑

積の法則

↑

樹形図

補足　本章の振り返りでは、このように知識の応用・発展（積み上げ）を矢印を用いて表します。知識を繋げ、体系化するための参考にしてください。

 2-5　円順列

例題

A、B、C、D の 4 人が円卓に座る方法は何通りあるか？

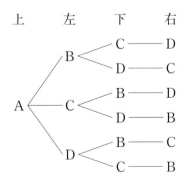

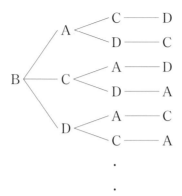

ですので、4! と計算すれば良い、と思うかもしれませんが、数学ではこれではいけません。実生活上では円形に 4 人を配置した場合、どの席からテレビが見やすいか等を考慮しますが、数学で円形に並べるときは、

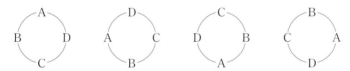

の 4 つの並びのように、「回転して並びが同じになるものは、1 通り」と数えます。

　それでは、この場合の数を求めるにはどうすれば良いでしょうか？

　大原則**もれなく重複なく数える**を満たすため、2 通りの基本の適用を紹介します。

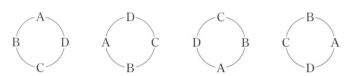

　回転すると同じ並びが 4 つずつ現れるので、先程の 4! に 4 で割るという一工夫を加えて、

$$\frac{4!}{4} = 6 \ (通り)$$

　重複するものが出ないように工夫します。

　回転すると重複するものが現れますので、回転を止める、すなわち、**1 つ固定する**という工夫です。今回ならば、例えば A を上に固定します。

　〇の 3 か所に固定した A 以外の 3 人を並べると考え、3! から 6 通りと求めることができます。

　樹形図を用いて確認してみましょう。

72

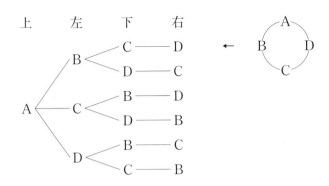

　一番上の例のように、1 つ固定することで、**基本 1「同じパターン数の数え易いものを数える」**により、1 列に並べる通常の順列に置き換えて処理してしまうという工夫ですね。

　これらの 2 つの解法は「**1 つ固定（基本 1）＋基本 3**」と両方理解してください。

　このように 4 人を円形に並べる順列の総数は、

1 つ固定（基本 1）して、　$3! = (4-1)!$

または、

　基本 3を適用して重複分の 4 で割り、

$$\frac{4!}{4} = \frac{4 \times 3 \times 2 \times 1}{4} = 3 \times 2 \times 1 = 3! = (4-1)!$$

と計算できますので、いずれの解法にせよ $(4-1)!$ 通りです。

このようにいくつかのものを円形に並べる配列を**円順列**と呼び、4人の場合と同様に、異なる n 個のものの円順列の総数は、$(n-1)!$ 通りと求めることができます。

問題 1

　男子 3 人、女子 3 人の 6 人が円形に並ぶとき、次のような並び方は何通りあるか。

（1）　総数

（2）　男子 A と女子 B が向かい合う

（1）　6 人の円順列ですから、

$$(6-1)! = 5! = 120 \text{（通り）}$$

（2）　男子 A を固定すると、女子 B は「自動的に男子 A と向かい合う位置に固定される」ので、

　残り 4 人を円形に並べれば良いので、（固定されているので、もちろん 1 を引いてはいけませんよね！）

$$4! = 24 \text{（通り）}$$

　このように、$(n-1)!$ という結果だけ丸暗記するのではなく、その導出過程まで理解していると応用が効きますので、基本を深く理解しましょう。

問題 2

　A，B，C，D の 4 個の玉でネックレスを作るとき、その作り方は何通りあるか。

問題 1 と同様に考えて、　　$(4-1)! = 6$（通り）

これだと不正解です。なぜだかわかりますか？

6 通りを書き出してみましょう。

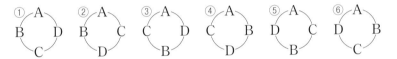

①と⑥、②と④、③と⑤は左右対称ですから、これらは裏返すと同じネックレスですよね。

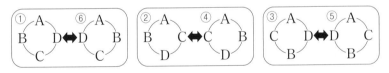

よって、正解は 3 通りです。

　計算で求めますと、2 つの並びを 1 通りと数えるので、誤答の円順列の計算に**基本 3「同じものと数えるパターン数で割る」**を適用して、

$$\frac{(4-1)!}{2} = 3 \text{（通り）}$$

大学入試に向けて、n 個のじゅず順列の総数は $\dfrac{(n-1)!}{2}$ と公式にすることもありますが、基本 3 を活用して 2 で割る、と理解して体系化された知識を得ましょう。

振り返り

円順列

↑

基本 1「1 つ固定」+ 順列

または

順列 + 基本 3「同じものと数えるパターン数で割る」

2-6　重複順列

例題

1～3 の 3 つの数字から 3 つを選んで作ることのできる 3 桁の数はいくつあるか？ただし、同じ数字を繰り返し用いても良いとする。

樹形図をかいて求めてみましょう。

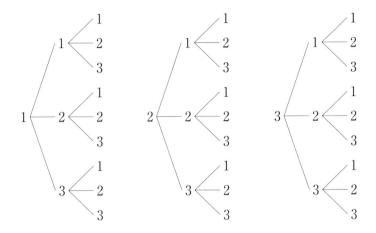

　以上の 27 通りです。このように順列の中でも、同じものを繰り返し用いても良い配列を、**重複順列**と呼びます。これも順列同様に大変規則的な樹形図ですから、続いて計算で求めてみましょう。

　百の位が 1 ～ 3 の 3 通り、十の位も 1 ～ 3 の 3 通り、一の位も 1 ～ 3 の 3 通りですから、3×3×3＝27（通り）と計算できますよね。

　問題文は「1 ～ 3 の 3 つの数字から 3 つを選んで作ることのできる 3 桁の数はいくつあるか？ただし、同じ数字を繰り返し用いても良いとする。」でしたから、3×3×3＝3^3 と計算できます。

　同様に、異なる n 個のものから、重複を許して r 個を取り出して並べる順列、n 個から r 個取る重複順列の総数は、
$$\underbrace{n \times n \times \cdot\cdot\cdot \times n}_{r \text{ 個}} = n^r \text{（通り）}$$
と求めることができます。

振り返り

重複順列 ≒ 順列

↑

積の法則

↑

樹形図

2-7 組合せ

例題

A、B、C、D の 4 人から 3 人を選ぶ方法は何通りあるか？

樹形図をかいてみましょう！

A、B、C、D の 4 人から 3 人を<u>並べる</u>ときは以下のようになります。

今回は、<u>並べる</u>、のではなく、<u>選ぶ</u>、ですから、この例題のような場合を順列と異なり、**組合せ**の問題に分類します。

ABC、ACB、BAC、BCA、CAB、CBA　は　ＡとＢとＣの組

もう１つ例を挙げますと、

ACD、ADC、CAD、CDA、DAC、DCA　は　ＡとＣとＤの組

等と、６つの並びで１つの組合せになります。ということで、正解の樹形図は

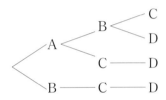

の４通りとなります。

どのように計算しましょうか？

６つの並びで１つの組合せになるという話でしたので、順列の$_4\mathrm{P}_3$に**基本３**「**同じものと数えるパターン数（今回は６）で割る**」を適用して$\dfrac{_4\mathrm{P}_3}{6}$となります。なぜ分母が６なのかと言うと、ABC、ACB、BAC、BCA、CAB、CBAならばＡとＢとＣの３つを並べる順列の総数で$3! = 6$だからです。

今後は、A、B、C、D の 4 人から 3 人を選ぶ方法の総数は

$$_4C_3 = \frac{_4P_3}{3!}$$

と、組合せ Combination の頭文字 C を用いて計算します。

　一般に、異なる n 個のものの中から異なる r 個を取り出し、順序を考慮しないで 1 組にしたものを、n 個から r 個取る組合せといい、その総数は

$$_nC_r = \frac{_nP_r}{r!}$$

となります。

　また、$_nC_r = \dfrac{_nP_r}{r!}$

$$= \frac{n(n-1)(n-2) \cdots (n-r+1)}{r(r-1)(r-2) \cdots 2 \cdot 1}$$

$$= \frac{n(n-1) \cdots (n-r+1)\,(n-r)(n-r-1) \cdots\cdots 2 \cdot 1}{r(r-1) \cdots 2 \cdot 1 \cdot (n-r)(n-r-1) \cdots\cdots 2 \cdot 1}$$

と変形できますから、$_nC_r = \dfrac{n!}{r!\,(n-r)!}$ とすることもできます。

　$_nC_r = \dfrac{_nP_r}{r!}$ の両辺に $r!$ をかけますと、$_nC_r \times r! = {_nP_r}$ ですから、

「n 個から r 個を選ぶ組合せの総数」

×「その選んだ r 個の順列の総数」

=「n 個から r 個選んで並べる順列の総数」

すなわち、「組合せ」×「選んだものの順列」=「順列」

と順列を分解できることが分かります。

「この問題はPで解くのか、Cで解くのか」で迷いましたら、「とりあえずCを使ってみて、順番の入れ替えが必要だったら、その後に並べたら良い」です。

振り返り

組合せ（${}_nC_r$）

↑

順列＋基本3「同じものと数えるパターン数で割る」

2-8　組分け

例題

A、B、C、D、E、Fの6冊の本を次のように分ける方法は何通りあるか。

（1）3冊ずつ、a、bの2人に分ける。

（2）3冊ずつの2組に分ける。

（1）まず、aの本の選び方は何通りでしょうか？

6冊から3冊なので、${}_6P_3 = 6 \times 5 \times 4$ で120通りですか？

違いますよね。3冊の本は順番は関係ありませんから、

$${}_6C_3 = \frac{6 \times 5 \times 4}{3 \times 2 \times 1} = 20 \text{（通り）}$$ となります。

さらに、bの本を選ぶわけですから、

${}_6C_3 \times {}_6C_3 = 20 \times 20 = 400$（通り）、ではありませんね。a の本を選んだら、残りの 3 冊は自動的に b に渡りますから、

${}_6C_3 = 20$（通り）となります。これが正解です。

（2）に向けて、この 20 通りを全て書き出しておきます。

	a	b
1	ABC	DEF
2	ABD	CEF
3	ABE	CDF
4	ABF	CDE
5	ACD	BEF
6	ACE	BDF
7	ACF	BDE
8	ADE	BCF
9	ADF	BCE
10	AEF	BCD

	a	b
11	BCD	AEF
12	BCE	ADF
13	BCF	ADE
14	BDE	ACF
15	BDF	ACE
16	BEF	ACD
17	CDE	ABF
18	CDF	ABE
19	CEF	ABD
20	DEF	ABC

（1）と（2）では何が違いますか？

　（1）3 冊ずつ、a、b の 2 人に分ける。
　（2）3 冊ずつの 2 組に分ける。

ということは、上の 1 のように、a が ABC、b が DEF と分ける場合と、20 のように、a が DEF、b が ABC と分ける場合はどう扱えば良いでしょうか？

そうです！同じ分け方になりますよね！

同様に、2 と 19、3 と 18、・・・はそれぞれ同じものと数えることになります。

1	ABC	DEF	=	20	DEF	ABC
2	ABD	CEF	=	19	CEF	ABD
3	ABE	CDF	=	18	CDF	ABE
	⋮				⋮	

ということは、どのように計算すれば良いでしょうか？

基本 3「同じものと数えるパターン数で割る」を適用して、2 組の入れ替えの 2! で割り、$\dfrac{20}{2!} = 10$（通り）です。

問題

A、B、C、D、E、F の 6 冊の本を次のように分ける方法は何通りありますか。

(1) 2 冊ずつの 3 組に分ける。

(2) 3 冊、2 冊、1 冊の 3 組に分ける。

(3) 4 冊、1 冊、1 冊の 3 組に分ける。

（1）まず、${}_6C_2 \times {}_4C_2$ と計算して、a、b、c の3組に分けます。その後、いくつで割りましょうか？次の表において組に区別があるときの左側の分け方は、組の区別をなくすと全て右側の分け方になります。

a	b	c
AB	CD	EF
AB	EF	CD
CD	AB	EF
CD	EF	AB
EF	AB	CD
EF	CD	AB

$\Rightarrow$　　AB　　CD　　EF

よって、6通り（なぜならば 3!）で1通りと数えますので、**基本3「同じものと数えるパターン数で割る」**を適用して、

$$\frac{{}_6C_2 \times {}_4C_2}{3!} = 15 \text{（通り）}$$

（2）同様に、${}_6C_3 \times {}_3C_2$ と計算して、a、b、c の3組に分けます。その後、いくつで割りましょうか？組に区別があるときの分け方は、次のようになります。

a	b	c
ABC	DE	F
ABC	DF	E
ABD	CE	F
⋮	⋮	⋮
DEF	BC	A

これらから組の区別をなくすと、どうなりますか？

　3 冊の組、2 冊の組、1 冊の組は、組を a、b、c と名前で区別することがなくなっても、冊数が異なりますので明らかに区別がつきます！

　よって、今回は組の区別がなくても冊数が異なりますので、**基本 3「同じものと数えるパターン数で割る」**を適用せず、何らかの数で割ることなく、

$$_6C_3 \times {}_3C_2 = 60 \text{（通り）}$$

　(3) 同様に、$_6C_4 \times {}_2C_1$ と計算して、a、b、c の 3 組に分けます。その後、いくつで割りましょうか？組の区別を**なくす**と、組に区別が**ある**ときの下のパターンと同じものと数えるのはどのような分け方でしょうか？

a	b	c
ABCD	E	F

　これと同じものと数えるのは、

a	b	c
ABCD	F	E

だけですよね！

4冊の組と1冊の組

→　冊数が異なる

→　組の名前での区別をなくしても区別がつく

1冊の組と1冊の組

→　冊数が同じ

→　組の名前での区別をなくすと区別がつかない

よって、2通り（なぜならば2!）で1通りと数えますので、**基本3「同じものと数えるパターン数で割る」**を適用して、

$$\frac{{}_6C_4 \times {}_2C_1}{2!} = 15 \ （通り）$$

振り返り

組分け

↑

組合せ＋基本3「同じものと数えるパターン数で割る」

2-9　同じものを含む順列

例題

A、A、B、C の 4 文字を並べる方法は何通りありますか。

こんな問題は 4!＝24（通り）で、はい終わり

ではないですよね。普通の順列の問題と何が違いますか？

A が 2 つありますね。ということは、24 通りよりも多くなりますか？少なくなりますか？

少なくなりますよね！極端な例ですが、4 つの A を並べる方法は 1 通りとなることからお分かりかと思います。

この問題の樹形図をかきますと、答えは

の 12 通りです。どのように効率良く計算で求めましょうか？

例えば、A_1A_2BC、A_2A_1BC

は A_1、A_2 の区別をなくすと、共に AABC です。

もう一例あげますと、A_1BA_2C、A_2BA_1C

は、同様に ABAC です。

基本３「同じものと数えるパターン数（今回は A_1、A_2 の入れ替えの 2!）で割る」を適用して、$\dfrac{4!}{2!} = 12$（通り）です。

解法２ 基本１「同じパターン数の数え易いものを数える」

① ４ヶ所から２ヶ所選び、そこに共に A を並べます。

例えば、左から１番目と３番目を選び A○A○

② さらに、残る２ヶ所から１ヶ所を選び、そこに B を並べます。

例えば、左から２番目を選び ABA○

③ 残る一番右端には、自動的に C を並べ、ABAC となります。

このように、今求めたい並べ方の総数は、「４ヶ所から２ヶ所 A の場所を選び、残りの２ヶ所から１ヶ所 B の場所を選び、残った１ヶ所に自動的に C を並べる」という並べ方の総数と同じになります。よって、基本１「同じパターン数の数え易いものを数える」を用いて、場所を選ぶだけで順番は関係ないことに注意すると、

$$_4C_2 \times _2C_1 = 12 \text{（通り）}$$

このような順列を、**同じものを含む順列**と呼びます。ここで、全部で n 個のものの中に、p 個の A と、q 個の B と、r 個の C があるとします。もちろん、$p+q+r=n$ となっていますが、それらを並べる順列の総数を求めてみましょう！

文字が多くありますので、解法 1 のように同じものと数えるパターン数を数えるのではなく、解法 2 のように考えてみましょう。<u>n ヶ所から p ヶ所の A が並ぶ場所を選び</u>、<u>残る $n-p$ ヶ所から q ヶ所の B が並ぶ場所を選びます</u>。その後、残る $n-p-q$ ヶ所に自動的に C を並べるわけですから、立式しますと、

$$\underline{_nC_p \times _{n-p}C_q}$$

となります。文字の入った C の計算を進められますか？

$$_nC_r = \frac{n!}{r!\,(n-r)!} \quad \text{または} \quad _nC_r = \frac{_nP_r}{r!} \quad \text{でしたね。}$$

今回は $_nC_r = \dfrac{n!}{r!\,(n-r)!}$ でいきましょう！

$$_nC_p \times {}_{n-p}C_q$$

$$= \frac{n!}{p!\,(n-p)!} \times \frac{(n-p)!}{q!\,\underline{(n-p-q)}!}$$

$p+q+r=n$ ですから、$\underline{n-p-q=r}$ となりますので、

$$= \frac{n!}{p!\,(n-p)!} \times \frac{(n-p)!}{q!\,\underline{r}!}$$

$$= \frac{n!}{p!q!r!}$$

きれいな式がでてきましたので、次のようにまとめます。

p 個の A と、q 個の B と、r 個の C の、合計 n 個の同じものを含む順列の総数は

$$\frac{n!}{p!q!r!}$$

です。

問題

下図のような道路上の最短経路の総数を求めよ。

90

例えば、下図のような最短経路があります！

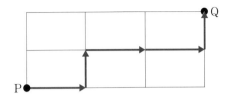

最短経路ということですから、右か上にしか移動できません。そして、右には3回、上には2回移動することになります。

いかがですか？同じものを含む順列が応用できそうなことに気づかれたでしょうか？

例に挙げました、上図の最短経路の場合は、「→↑→→↑」と対応させ、**基本1「同じパターン数の数え易いものを数える」**を適用します。

最短経路の総数は、→が3個、↑が2個、合計5個の同じものを含む順列の総数と一致しますから、$\dfrac{5!}{3!2!}=10$（通り）

振り返り

同じものを含む順列

↑

順列＋基本3「同じものと数えるパターン数で割る」

または

基本1「同じパターン数の数え易いものを数える」＋組合せ

2-10　重複組合せ

　いちご、りんご、ぶどうから重複を許して、3個の果物を選ぶ方法は何通りありますか。

解法1　樹形図

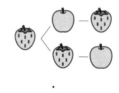

.
.

　これではいけませんね。上記の2つはともに「いちご2個とりんご1個」です。このような重複を避けるために、どのような工夫をしましょうか?

「🍓→🍎→🍇」の順で、前の果物には戻らないというルールをつけます。

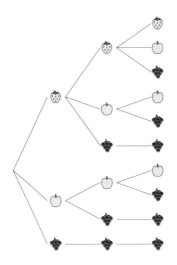

よって、10通りです。

解法2、3
基本1「同じパターン数の計算しやすいものを数える」

「いちご→りんご→ぶどう」の順で、前の果物には戻らないというルールから、3つの果物をいちごから始めて、何個目からりんごにするか、その後何個目からぶどうにするのかがカギとなることが分かります。そこで、区別のつかない3個の果物を同じ記号の「○」、どこでいちごからりんご、りんごからぶどうにするかを示す仕切り「｜」を考えます。例えば、○｜○｜○　はいちご1個、りんご1個、ぶどう1個と見なします。

　それでは、次の例はどのように見なせば良いでしょうか？

答えは、

○○○│ │　⇨　いちご 3 個、りんご 0 個、ぶどう 0 個

│○○│○　⇨　いちご 0 個、りんご 2 個、ぶどう 1 個

○│○○│　⇨　いちご 1 個、りんご 2 個、ぶどう 0 個

です。

　左から 1 本目の仕切りまでの丸の個数がいちごの個数、左側の仕切りと右側の仕切りの間の丸の個数がりんごの個数、右側の仕切りの右側の丸の個数がぶどうの個数ですよね。

　このように対応させると、この「○ 3 個と、│ 2 本の並べ方の総数」と、「いちご、りんご、ぶどうから重複を許して、3 個の果物を選ぶ方法の総数」は同じになりますので、**基本 1「同じパターン数の数え易いものを数える」**を適用して、

○と│を並べる同じものを含む順列

　○ 3 個と│ 2 本の合計 5 つの同じものを含む順列と考え、

$$\frac{5!}{3!2!} = 10 \ (通り)$$

C を用いて○を並べる場所を選ぶ

　5 ヶ所から○を並べる 3 ヶ所を選ぶ（順番は関係ない）組合せの総数と一致して、

$$_5C_3 = 10 \ (通り)$$

解法 4　H を用いる

新しい記号 H を計算するために、今の C を使った計算を用います。

異なる $\underline{3}$ 種類の果物から重複を許して $\underset{\sim}{3}$ 個取る組合せの総数は

$$_{\underline{3}}H_{\underline{3}} = _{\underline{3}+\underline{3}-1}C_{\underline{3}} = _5C_3 = 10 \text{（通り）}$$

なぜ 1 を引くのか分かりますね？果物が 3 種類ありますので、仕切り「｜」は 3−1 の 2 本必要になるからです。

このように重複を許す組合せを**重複組合せ**といいます。一般に、異なる n 個のものから重複を許して r 個取る重複組合せの総数は、○が r 個、｜が $n-1$ 本と考え、$r + (n-1) = n + r - 1$ ヶ所から○を並べる r ヶ所を選ぶ組合せの総数と一致しますので、$_nH_r = _{n+r-1}C_r$　と計算できます。

新しい記号 H を当てはめるだけではなく、より深く理解するために 4 通りの解法を紹介しました。樹形図以外の解法が楽だと感じられるかもしれませんが、初見の問題に対処するためには、樹形図で考え抜くことのできる力がとても重要ですからお忘れなく！

重複組合せ（$_nH_r$）

↑

樹形図 + $\left\{\begin{array}{c} \text{同じものを含む順列} \\ \text{または} \\ \text{組合せ} \end{array}\right.$

 ## 2-11　第2章の振り返り

　椅子に座った状態から跳ぶときと、立った状態から沈み込んで跳ぶとき、どちらが高く跳び上がれますか？

　沈み込んだ方が高く跳び上がれますよね。思考にも同じように、「深く理解すると、より高度な思考ができる」性質があります。新しい知識を得る中で、基礎、基本の6つの理解を動的に深めましょう！

第 3 章　確率の基礎・基本

　第 3 章では、確率に進みます。第 1 節は、基本として覚える必要がありますが、その後は思考しながら、場合の数と繋がりのある、体系化された知識としていきましょう。

3-1　確率とその基本

　確率とは、ある事柄が起こることが期待される程度を表す数値です。

　さいころを例に、関連する用語を解説していきます。

　まず、さいころを振るように、同じ状態のもとで繰り返すことができ、その結果が偶然によって決まる実験や観測などを**試行**、その結果起こる事柄を**事象**と呼びます。1 の目が出る、2 の目が出る、・・・、6 の目が出るといった、一番細かい事象を**根元事象**、これらをまとめた、1 から 6 の目が出るという事象を**全事象** U、決して起こらない事象を**空事象** ϕ と呼びます。さいころの例では、さいころが変形したりしていない理想的な条件下では、1 から 6 の目は同じ割合で出ます。このように、根元事象のどれが起こることも同じ程度に期待できるとき、これらの根元事象は**同様に確からしい**といいます。

事象 A が起こる確率 $P(A)$（P は Probability の頭文字です）は、前章の集合の要素の個数を表す記号 $n(A)$ を用いて以下のように求められます。

根元事象が同様に確からしい場合、

$$P(A) = \frac{n(A)}{n(U)} = \frac{\text{事象 } A \text{ の起こる場合の数}}{\text{起こりうるすべての場合の数}}$$

ということで、確率はこの式を覚えていれば、2 つの場合の数から成る分数を計算して求められます。

また、$P(\phi) = \dfrac{n(\phi)}{n(U)} = \dfrac{0}{n(U)} = 0$、$P(U) = \dfrac{n(U)}{n(U)} = 1$ です。

事象 A の起こる場合の数は、0 パターンと、全パターン数の間にありますから、

$$0 \leqq n(A) \leqq n(U)$$

です。この不等式の各辺を $n(U)$ で割りますと、

$$\frac{0}{n(U)} \leqq \frac{n(A)}{n(U)} \leqq \frac{n(U)}{n(U)}$$

$P(A) = \dfrac{n(A)}{n(U)}$ より、　　$0 \leqq P(A) \leqq 1$

これは要するに、確率は 0 と 1 の間になりますよ、ということですので、確率を求めて $\dfrac{3}{2}$ となったときは必ず間違っていると分かります。この性質は、簡単な検算に用いることができます。

それでは、いくつか問題を解いてみましょう。

問題

　次の確率を求めよ。

（1）大小 2 個のさいころを振って、1 の目と 2 の目が出る確率

（2）重さや見た目で区別のつかない 2 個のさいころを振って、1 の目と 2 の目が出る確率

（1）

		大					
		1	2	3	4	5	6
小	1		○				
	2	○					
	3						
	4						
	5						
	6						

　この表から、全パターン数は 6×6 の 36 通り、1 の目と 2 の目が出るのは 2 通りですから、　$\dfrac{2}{36} = \dfrac{1}{18}$

　（1）の大小 2 個のさいころから、（2）では重さや見た目で「区別のつかない」2 個のさいころに変化しました。

　皆さんの経験上、2 個のさいころを振って、1 の目と 2 の目が出る確率は、さいころに区別がつく、つかないによって変化しますか？

変化しませんよね！よって、(2) の答えは (1) と同様に $\dfrac{1}{18}$ です。

しかし、このように考えることもできるのではないでしょうか。区別がつきませんので、出る目の全パターン数は、

1と1	1と2	1と3	1と4	1と5	1と6
	2と2	2と3	2と4	2と5	2と6
		3と3	3と4	3と5	3と6
			4と4	4と5	4と6
				5と5	5と6
					6と6

の 21 通りありますので、答えは、 $\dfrac{1}{21}$

$\dfrac{1}{18}$ と異なる値になってしまいました。この考え方の問題点はどこでしょうか？

$P(A) = \dfrac{n(A)}{n(U)}$ が使える前提条件がありませんでしたか？

どの根元事象も同様に確からしいこと、すなわち、根元事象のどれが起こることも同じ程度に期待できること、でしたね！

99 ページの表のように、36 通り中、ぞろ目はそれぞれ 1 通りずつ、それ以外の目はそれぞれ 2 通りずつありますので、「1 の目

と 1 の目が出る」ことは「1 の目と 2 の目が出る」ことの半分程度しか起こらないと考えられます。ということは、同様に確からしいわけではありませんので、$P(A) = \dfrac{n(A)}{n(U)}$ は使えません。

　結論を言いますと、区別のつかないさいころが与えられたとしても、どの根元事象も同様に確からしくなるように、**確率を考える際には自分で区別があると考えます！**

　それでは、場合の数を「根（基礎）」、$P(A) = \dfrac{n(A)}{n(U)}$ を「幹（基本）」として、本章で「確率の木」を育てましょう！

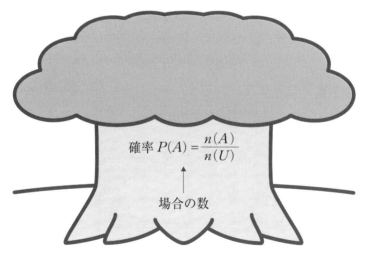

確率 $P(A) = \dfrac{n(A)}{n(U)}$

↑

場合の数

3-2　和事象と余事象の確率

　複数の事象に関わる用語に進みます。前節と同様に、集合と用語が似ていますから、関連付けて覚えましょう。

積事象（$A \cap B$）は事象 A と事象 B がともに起こるという事象です。ベン図を用いて視覚的に表しますと、下図のようになります。

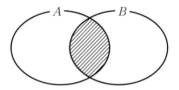

和事象（$A \cup B$）は事象 A または事象 B が起こるという事象です。ベン図では下図のようになります。

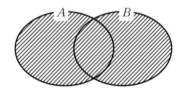

余事象 $\overline{A}$ は事象 A に対して、A が起こらないという事象です。ベン図では下図のようになります。

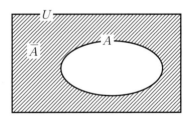

これらの一般的な確率を求めてみましょう！

まず、和事象の確率についてです。

和集合の要素の個数は　$n(A \cup B) = n(A) + n(B) - n(A \cap B)$ でしたので、この等式の両辺を $n(U)$ で割りますと、

$$\frac{n(A \cup B)}{n(U)} = \frac{n(A)}{n(U)} + \frac{n(B)}{n(U)} - \frac{n(A \cap B)}{n(U)}$$

$P(A) = \dfrac{n(A)}{n(U)}$ でしたので、

$$P(A \cup B) = P(A) + P(B) - P(A \cap B)$$

となります。

　また、2つの事象 A、B が同時には決して起こらないとき、A、B は互いに**排反**といいます。その場合には、$A \cap B = \phi$ となり、$P(A \cap B) = P(\phi) = 0$ となりますので、

$$P(A \cup B) = P(A) + P(B)$$

となります。これを確率の**加法定理**と呼びます。

　和事象の確率を求めるときには、常に事象が互いに排反かどうかをチェックするようにしましょう！

　続いて、余事象の確率についてです。

　事象 A とその余事象 $\overline{A}$ について、$A \cap \overline{A} = \phi$ ですから、確率の加法定理により

$$P(A \cup \overline{A}) = P(A) + P(\overline{A})$$

ここで、$A \cup \overline{A} = U$ ですから、　$P(A \cup \overline{A}) = P(U) = 1$

これらの2式から、　$P(A) + P(\overline{A}) = 1$

$P(A)$ を移項しますと、　$P(\overline{A}) = 1 - P(A)$

問題 ●━━━━━━━━━━━━━━━━━━━━━━━━━━━━━━━

　次の確率を求めよ。

（1）2個のさいころを振り、偶数の目のみ、または、奇数の
　　　目のみが出る確率

（2）2個のさいころを振り、偶数の目のみ、または、素数の
　　　目のみが出る確率

（3）2個のさいころを振り、少なくとも1個で偶数の目が出
　　　る確率

　さいころには区別があると考えますので、2個のさいころには
大小があるとします。

（1）偶数の目のみが出る事象と、奇数の目のみが出る事象は、
互いに排反ですので、

$$\underline{\frac{3\times3}{6\times6}} + \underset{\sim\sim\sim\sim}{\frac{3\times3}{6\times6}} = \frac{1}{2}$$

$$\uparrow \qquad\qquad \uparrow$$

偶数の目のみ　　奇数の目のみ

（2）1から6までの素数はいくつでしょうか?

　2、3、5ですね。

104

　偶数の目のみが出る事象と、素数の目のみが出る事象は、互いに排反ではありません。2 は偶数かつ素数ですよね！

　よって、求める確率は、

$$\underline{\frac{3\times3}{6\times6}} + \underline{\underline{\frac{3\times3}{6\times6}}} - \underset{\sim\!\sim\!\sim}{\frac{1\times1}{6\times6}} = \frac{17}{36}$$

　　　　↑　　　　↑　　　　↑

偶数の目のみ　素数の目のみ　2 の目のみ

（3）少なくとも 1 個で偶数の目が出る、というのは、どのような状況でしょうか？

　この表でいうところの、上の 3 つです。

　ということは、互いに排反な 3 つの事象の確率を求めて加えるよりも、余事象の確率を用いて、奇数の目のみが出る事象の確率を求めて、1 から引けば楽ですね！

　よって、答えは、　　　$1 - \underline{\frac{3\times3}{6\times6}} = \frac{3}{4}$

　　　　　　　　　　　　　↑

　　　　　　　　　　奇数の目のみ

もちろん、互いに排反な３つの事象の確率を求めて加えても良いので、このように解いても構いません。

$$\frac{3\times 3}{6\times 6}+\frac{3\times 3}{6\times 6}+\frac{3\times 3}{6\times 6}=\frac{3}{4}$$

↑　　　↑　　　↑

偶偶　　偶奇　　奇偶

3-3　独立な試行の確率

例題

さいころとコインを投げ、さいころでは２以下の目、コインでは表が出る確率を求めよ。

さいころは１から６の目の <u>6</u> 通り、コインは表と裏の <u>2</u> 通りありますので、全パターン数は <u>6×2</u> 通りです。

続いて、さいころで２以下の目は１と２の目の <u>2</u> 通り、コインは表が出る場合のみの <u>1</u> 通りですから、さいころでは２以下の目、コインでは表が出るパターン数は 2×1 通りです。

よって、求める確率は、$\dfrac{2\times 1}{6\times 2}=\dfrac{1}{6}$

しかし、さいころで２以下の目が出る確率 $\dfrac{2}{6}$ とコインで表が出る確率 $\dfrac{1}{2}$ から　$\dfrac{2}{6}\times\dfrac{1}{2}=\dfrac{1}{6}$　としても $\dfrac{1}{6}$ となり正しいですから、かけ算を使っても確率が求められますね。

　さいころで 2 以下の目が出たからといって、コインで表が出づらくなったりはしませんよね。このように、複数の試行が互いに他方の結果に影響を及ぼさないとき、これらの試行は**独立**といいます。

　一般に、2 つの独立な試行 S、T において、試行 S で事象 A が起こる確率を $P(A)$、試行 T で事象 B が起こる確率を $P(B)$ とすると、A と B の積事象 $A \cap B$ の確率は

$$P(A \cap B) = P(A) \times P(B)$$

　積事象はかける、和事象は加える（互いに排反でない場合は重複分を引きますが）ということで、覚えやすい用語となっていますね。

　例題では、さいころとコインのみですから、$P(A) = \dfrac{n(A)}{n(U)}$ としても大差ありません。しかし、独立という概念を考えることで、個々を詳しく調べ、それらをかければ良いので、**分解**と**統合**という思考の 2 ステップで考え、確率を求めることができます。よって、扱う対象がより複雑になった場合に、本節の考え方の有用性が高まります。

下図のような碁盤目の道路がある。いま、P 地点にいる人が、Q 地点に向かって進むものとする。ただし、最短距離を選ぶものとし、2 通りの選び方のある交差点では、どちらを選ぶかは $\frac{1}{2}$ の確率であるものとする。このとき、R 地点を通る確率を求めよ。

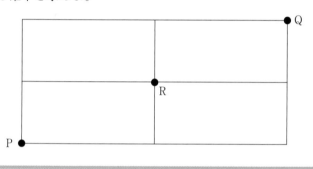

$P(A) = \dfrac{n(A)}{n(U)}$ を使い、経路数の分数で求めます。

P → Q の最短経路の総数は $\dfrac{4!}{2!2!} = 6$（通り）

P → R → Q の最短経路の総数は $\dfrac{2!}{1!1!} \times \dfrac{2!}{1!1!} = 4$（通り）

よって、答えは $\dfrac{4}{6} = \dfrac{2}{3}$

ではいけませんね。なぜでしょうか？

次の 2 つの経路を通過する確率は、それぞれいくつでしょうか？

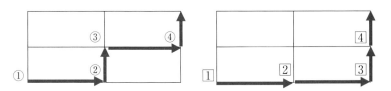

左側は、交差点①で→か↑かの $\dfrac{1}{2}$、②で→か↑かの $\dfrac{1}{2}$、③で→か↑かの $\dfrac{1}{2}$、④は必ず↑の 1 ですから、　$\dfrac{1}{2} \times \dfrac{1}{2} \times \dfrac{1}{2} \times 1 = \dfrac{1}{8}$

右側は、交差点 1 で→か↑かの $\dfrac{1}{2}$、2 で→か↑かの $\dfrac{1}{2}$、3 は必ず↑の 1、4 も必ず↑の 1 ですから、　$\dfrac{1}{2} \times \dfrac{1}{2} \times 1 \times 1 = \dfrac{1}{4}$

ということで、確率が等しくない、すなわち、どの根元事象も同様に確からしいわけではないので、$P(A) = \dfrac{n(A)}{n(U)}$ を使ってはいけません！

よって、正解は、↑→、または→↑と移動して R にいたれば、あとは自動的に Q まで移動しますので、　$\dfrac{1}{2} \times \dfrac{1}{2} + \dfrac{1}{2} \times \dfrac{1}{2} = \dfrac{1}{2}$

このように、独立な試行の確率をかけ算で求められることを知らないと解けない問題もありますので、本節の内容は必須事項です！

3-4 反復試行の確率

例題

　さいころを5回振って、2以下の目が3回、3以上の目が2回出る確率を求めよ。

　さいころを何度か振るとき、前に出た目は後に出る目に影響を与えませんので独立ですから、前節の独立な試行の確率を使いましょう。さいころで2以下の目が出る確率は $\frac{2}{6}$、3以上の目が出る確率は $\frac{4}{6}$ ですから、

$$\frac{2}{6} \times \frac{2}{6} \times \frac{2}{6} \times \frac{4}{6} \times \frac{4}{6} = \frac{4}{243}$$

で約 $\frac{4}{240}$ ですから、だいたい $\frac{1}{60}$ となります。

　ちょっと確率が小さすぎますよね！感覚的におかしいな、と思いましたか？それでは論理的思考に活躍してもらい、どうすれば良いか考えましょう！

　さいころで2以下の目が出ることを○、3以上の目が出ることを×とすると $\frac{2}{6} \times \frac{2}{6} \times \frac{2}{6} \times \frac{4}{6} \times \frac{4}{6}$ は○○○××しか計算していませんよね。○3つと×2つの並び方を全て書き出してみましょう。

1回目	2回目	3回目	4回目	5回目	確率
○	○	○	×	×	$\frac{2}{6} \times \frac{2}{6} \times \frac{2}{6} \times \frac{4}{6} \times \frac{4}{6}$
○	○	×	○	×	$\frac{2}{6} \times \frac{2}{6} \times \frac{4}{6} \times \frac{2}{6} \times \frac{4}{6}$
○	○	×	×	○	$\frac{2}{6} \times \frac{2}{6} \times \frac{4}{6} \times \frac{4}{6} \times \frac{2}{6}$
○	×	○	○	×	$\frac{2}{6} \times \frac{4}{6} \times \frac{2}{6} \times \frac{2}{6} \times \frac{4}{6}$
○	×	○	×	○	$\frac{2}{6} \times \frac{4}{6} \times \frac{2}{6} \times \frac{4}{6} \times \frac{2}{6}$
○	×	×	○	○	$\frac{2}{6} \times \frac{4}{6} \times \frac{4}{6} \times \frac{2}{6} \times \frac{2}{6}$
×	○	○	○	×	$\frac{4}{6} \times \frac{2}{6} \times \frac{2}{6} \times \frac{2}{6} \times \frac{4}{6}$
×	○	○	×	○	$\frac{4}{6} \times \frac{2}{6} \times \frac{2}{6} \times \frac{4}{6} \times \frac{2}{6}$
×	○	×	○	○	$\frac{4}{6} \times \frac{2}{6} \times \frac{4}{6} \times \frac{2}{6} \times \frac{2}{6}$
×	×	○	○	○	$\frac{4}{6} \times \frac{4}{6} \times \frac{2}{6} \times \frac{2}{6} \times \frac{2}{6}$

の 10 通りがあり、かけ算は順番を入れ替えても結果は同じです
（交換法則が成り立ちます）から、正解は、

$$10 \times \frac{2}{6} \times \frac{2}{6} \times \frac{2}{6} \times \frac{4}{6} \times \frac{4}{6} = \frac{40}{243}$$

約 $\frac{40}{240}$ ですから、だいたい $\frac{1}{6}$ となり、直感的にも正しそう
ですね！

なぜ 10 通りなのか考えてみましょう。

5 回中どの 3 回で 2 以下の目が出るかを選ぶ組合せの総数で

$$_5C_3 = 10$$

ですね！ということで、

$$_5C_3 \left(\frac{2}{6}\right)^3 \left(\frac{4}{6}\right)^2$$

とし、再度問題文と見比べますと、

さいころを 5 回振って、2 以下の目 が 3 回、3 以上の目 が 2 回出る確率、と対応しています。

さいころを 5 回振るように、「同じ条件のもとで同じ試行を何回か繰り返し行う」試行を、**反復試行**といいまして、一般にその確率は次のように計算できます。

ある試行において事象 A の起こる確率を p とすると、それを n 回繰り返し、r 回は A が起こる反復試行の確率は

$$_nC_r p^r (1-p)^{n-r}$$

反復試行の確率では、$_nC_r p^r (1-p)^{n-r}$ を、ただ覚えて当てはめてはいけません。頭の中で、一部でも良いですから、111 ページの表を思い浮かべて解くと応用がききます！

3-5　確率の乗法定理と条件付き確率

例題

　10 本のくじがあり、その中には 3 本の当たりと 7 本のはずれがある。1 本目を引いた後、そのくじは元に戻さずに、2本連続で当たりくじを引く確率を求めよ。

　基本に忠実に、$P(A) = \dfrac{n(A)}{n(U)}$ を用いて考えましょう。もちろん、くじに区別をつけて考えます。

　まずは全パターン数を求めます。10 本のくじから 2 本引き、引いたくじは元に戻しませんので、1 回目は 10 通り、2 回目は 9 通りですね。

　続いて 2 本連続で当たりくじを引くパターン数を求めましょう。1 回目は 3 通り、引いたくじは元に戻しませんので、2 回目は当たりくじが 1 本減って 2 通りですね。

　よって、求める確率は、　$\dfrac{3 \times 2}{10 \times 9} = \dfrac{1}{15}$

　今回のように、1 本目を引いた後、そのくじは元に戻さないというときは、2 本目に引いたくじは 1 本目の影響を受けます。この状況を、影響を受けない場合を独立と呼ぶのに対して、**従属**といいます。

　それでは、独立な試行の確率の $P(A \cap B) = P(A) \times P(B)$ と同様に、今回の従属な場合も、確率はかけ算で求められるでしょうか？

求められますよね。

$\dfrac{3 \times 2}{10 \times 9} = \dfrac{3}{10} \times \dfrac{2}{9}$ ですから、1回目に10本中3本ある当たり

くじを引く確率 $\dfrac{3}{10}$ と、2回目に残りの9本中、1本減って2本

ある当たりくじを引く確率 $\dfrac{2}{9}$ をかけたものと一致しています。

　一般に、従属な試行の積事象の確率も、独立な試行の確率と同様に

　事象 A が起こる確率を $P(A)$、事象 A が起こったときに、事象 B が起こる確率を $P_A(B)$ とすると、2つの事象 A、B がともに起こる確率 $P(A \cap B)$ は

$$P(A \cap B) = P(A)\,P_A(B)$$

これを確率の**乗法定理**といいます。

　また、この中で現れた、事象 A が起こったときに、事象 B が起こる確率 $P_A(B)$ を**条件付き確率**と呼びます。通常の確率とは異なり、「事象 A が起こったとき」という条件が付いていますのでこのように呼びます。

　例題の、2本連続で当たりくじを引く確率は、$\dfrac{3}{10} \times \dfrac{2}{9}$ と計算できました。この $\dfrac{2}{9}$ はどのような確率でしたか？

　1回目に当たりくじを引いたとき、2回目に残りの9本中、1本減って2本ある当たりくじを引く確率でしたね。確かに、「1回目に当たりくじを引いたとき」という条件が付いていますね！

　確率の乗法定理 $P(A \cap B) = P(A) P_A(B)$ から、条件付き確率 $P_A(B)$ は、

$$P_A(B) = \frac{P(A \cap B)}{P(A)}$$

と求めることができます。また、$\dfrac{P(A \cap B)}{P(A)}$ を $P(A) = \dfrac{n(A)}{n(U)}$ を用いて変形すると

$$P_A(B) = \frac{\dfrac{n(A \cap B)}{n(U)}}{\dfrac{n(A)}{n(U)}}$$

となり、この分母、分子に $n(U)$ を掛けると

$$P_A(B) = \frac{n(A \cap B)}{n(A)}$$

ともなります。

　よって、条件付き確率は

$$P_A(B) = \frac{n(A \cap B)}{n(A)} = \frac{P(A \cap B)}{P(A)}$$

　この公式を丸暗記していても、問題は解けないと思います。以下の、この式の日本語で説明した式が重要です。

$$P_A(B) = \frac{n(A \cap B)}{n(A)} = \frac{A\,も\,B\,も起こるパターン数}{A\,が起こるパターン数}$$

$$P_A(B) = \frac{P(A \cap B)}{P(A)} = \frac{A\,も\,B\,も起こる確率}{A\,が起こる確率}$$

　次の視覚的理解も有効かと思います。

通常の確率

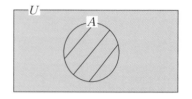

$$P(A) = \frac{n(A)}{n(U)} \begin{array}{l} \leftarrow 斜線 \\ \leftarrow 水色 \end{array}$$

条件付き確率

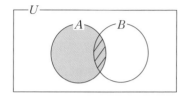

$$P_A(B) = \frac{n(A \cap B)}{n(A)} \begin{array}{l} \leftarrow 斜線 \\ \leftarrow 水色 \end{array}$$

　条件付き確率は、条件が付いているわけですから、分母が $n(U)$（全パターン数）ではなく、$n(A)$（条件を満たすパターン数）になっている点がポイントです！このように、確率の基本である $P(A) = \dfrac{n(A)}{n(U)}$ と関連付けて理解しましょう。

問題

　ある夫婦には 2 人の子どもがいる。その一方の性別が男とわかったとき、もう 1 人の子どもの性別も男である条件付き確率を求めよ。ただし、性別は等しい確率で男女になるとする。

性別は、男か女かの 2 通りなので、この条件付き確率は $\dfrac{1}{2}$

または、結局 2 人とも性別が男だから、この条件付き確率は $\dfrac{1}{4}$

　これらのいずれも正解ではありません！直感だけではなく、しっかりと条件付き確率の論理を使って考えましょう。求めたい条件付き確率は、日本語でどのように表されますか？

$$\frac{2 人の性別がともに男のパターン数}{いずれかの性別が男のパターン数}$$

これを、表を用いて視覚化して説明します。2 人の子どもの性別には次のパターンがあります。

上の子	下の子
男	男
男	女
女	男
女	女

いずれかの性別が男のパターン数は下の表の水色の 3 通り、2 人の性別がともに男のパターン数は斜線の入った 1 通りです。

上の子	下の子
男	男
男	女
女	男
女	女

よって、求める条件付き確率は、 $\dfrac{1}{3}$

直感的に $\dfrac{1}{3}$ と思われた方は素晴らしいと思います。しかし、条件付き確率は直感的に納得できないことが多いと思います。その納得できる説明を考えることが、論理的思考を鍛える機会にもなります。第 4 章では、直感的に納得できないことで有名な「モンティ・ホール問題」の類題に挑戦してみましょう。

3-6 期待値

　読者の皆さんが、何らかの抽選に当選したとします。そのまま賞金10万円を得ても良いですし、その10万円を払ってさらに抽選に参加し40%の確率で20万円の獲得を目指しても良いとします。20万円の欲しいものがあるから、ということは抜きで客観的に考えると、さらに抽選に参加することは得でしょうか？

　さらに抽選に参加すると、40%の確率で20万円を得られるので、
$$20万円 \times 0.4 = 8万円$$
が得られると考えられます。ということは、そのまま10万円を得るだけの方が良いですよね。

　もう少し複雑な例題にいきましょう。

例題

　くじが20本あり、そのうち3本は当たりくじで1等は20,000円、2等は10,000円、3等は2,000円が手に入る。残り17本ははずれくじである。このくじを引くために1,000円支払う必要があるとき、くじを引く、引かない、いずれの選択が良いか。

　このくじを引くことにした場合、いくらもらえそうでしょうか？ 20,000円が手に入る確率は$\frac{1}{20}$、10,000円が手に入る確率も$\frac{1}{20}$、2,000円が手に入る確率も$\frac{1}{20}$です。残りははずれくじ

ですから、$\dfrac{17}{20}$ の確率で 0 円が手に入ると解釈しますと、

$$20{,}000 \times \dfrac{1}{20} + 10{,}000 \times \dfrac{1}{20} \times 2{,}000 \times \dfrac{1}{20} + 0 \times \dfrac{17}{20} = 1{,}600 \quad (円)$$

　この計算からこのくじは結果的に 10,000 円もらえるかもしれません し、1 円ももらえないかもしれませんが、平均 1,600 円もらえるくじだと考えられます。ですから、1,000 円支払ってでも引いてみた方が良いですね。

　今回の 1,600 円のことを、**期待値**と呼びます。

　一般に、ある試行の結果によって、値 x_1、x_2、・・・、x_n のうちのどれか 1 つが定まるとき、それぞれの値をとる確率を p_1、p_2、・・・、p_n とすると、等式

$$p_1 + p_2 + \cdots + p_n = 1$$

が成り立ちます。このとき、これらの値の期待値 $E(x)$ は

$$\boldsymbol{E(x) = x_1 p_1 + x_2 p_2 + \cdots + x_n p_n}$$

（E は、期待値を意味する Expectation の頭文字です）

　具体的な場合には、下のような表を作成して、上下の積（$x_1 \times p_1$ 等）の和を計算すれば良いです。

事象	x_1	x_2	・・・	x_n	計
確率	p_1	p_2	・・・	p_n	1

この期待値の感覚が第2の天性と言えるまでにあるか否かで、時間の使い方等が変わり、人生が変わるのではないでしょうか。常にコストパフォーマンスを考えて行動できるようになると思います。損得ばかり考えるなんて嫌な人と思われるかもしれませんが、一番良いのは、客観的に損得を考えながらも、主観的に必要であれば損も選べる「複眼的」な人ではないでしょうか。

3-7　第3章の振り返り

　第4章以降に向けて、確率で（理解を伴い）覚える必要があるのは、次の4点のみです。

① 　根元事象が同様に確からしい場合、

$$P(A) = \frac{n(A)}{n(U)} = \frac{\text{事象 } A \text{ の起こる場合の数}}{\text{起こりうるすべての場合の数}}$$

② 　独立な試行の確率　$P(A \cap B) = P(A)P(B)$
　　（確率の乗法定理　$P(A \cap B) = P(A)P_A(B)$）

③ 　条件付き確率　$P_A(B) = \dfrac{n(A \cap B)}{n(A)} = \dfrac{P(A \cap B)}{P(A)}$

④ 　期待値 $E(x) = x_1 p_1 + x_2 p_2 + \cdot \cdot \cdot + x_n p_n$

　このように、数学に限らず、「理解のレベルが上がれば上がる
ほど、（覚えようと思って）覚えなければならない事項は減る」
ものです。また、知識が体系化されていれば、場合の数を学べば
確率も、確率を学べば場合の数も同時に学ぶことができ、「学び
を転移させる」ことができます。

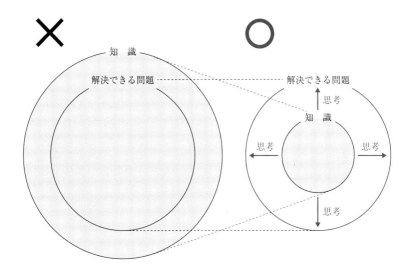

第4章　知識を体系化する問題

　第2章、第3章を通して、思考しながら体系化した知識を得ましたので、それを活用して、思考のレベルを上げていきましょう。進学校が採用する教科書の章末問題レベルの問題を扱う本章が、第5章の基礎となります。思考すると同時に、知識をアップデートしてください。

　本章以降では、問題をその一部分や、特殊な場合に「分解」した問題を**分問**と呼びます。適切に分問を見つける能力が、「問題解決能力」と同時に「問題発見能力」も高めます。また、元々与えられた問題は、本物の問題であり、本物（ほんもの）は関西弁で本物（ほんもん）ですから、**本問**（ほんもん）と呼ぶことにします。

　すぐに解けない問題に出会ったとき、『「**自分で解ける、または解けなくとも考えることで問題の理解が深まる**」、かつ、「**その問題の解決の糸口となる**」分問』に分解することが大切です。

　次のページの図のように、まずは**自分と本問の間にある「分問」**を設定します。ここで、自分と本問を「複眼的（特に双方向）」に思考することが大切になります。そして、分問を解く、または考えることで△自分のレベルが上がります。ときには、B本問を**解決の糸口のつく本問'**と分解することができます。その繰り返しが、「**本問**」の解決に繋がります。

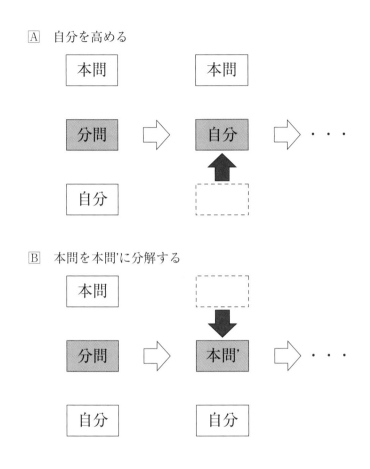

Ⓐ　自分を高める

Ⓑ　本問を本問'に分解する

　本章以降では、分問等を通して思考し、解答に至る過程を大切にします。必要に応じて、次のように「分解」、「統合」の2ステップを可視化します。

「分問」→「分問2」→・・・
→「本問'」または「解答（本問のままの場合）」

「**考えているその瞬間に思考力は鍛えられます**」から、ご自分で解きながら読み進めてください。

それでは、筆記用具と紙を準備して始めましょう！

問題 1 C を含む公式の証明 1

等式 $_nC_r = {}_nC_{n-r}$ について、次の問いに答えよ。ただし、$0 \leqq r \leqq n$ とする。

(1) $_nC_r$ を n 人から r 人の委員を選ぶ方法の総数と考え、等式の意味を説明せよ。

(2) $_nC_r = \dfrac{n!}{r!(n-r)!}$ を用いて、$_nC_{n-r}$ を $_nC_r$ に変形することで証明せよ。

問題 2 C を含む公式の証明 2

等式 $r\,{}_nC_r = n\,{}_{n-1}C_{r-1}$ について、次の問いに答えよ。ただし、$1 \leqq r \leqq n-1$、$n \geqq 2$ とする。

(1) $_nC_r$ を n 人から r 人の委員を選ぶ方法の総数と考え、等式の意味を説明せよ。

(2) $_nC_r = \dfrac{n!}{r!(n-r)!}$ を用いて、$n\,{}_{n-1}C_{r-1}$ を $r\,{}_nC_r$ に変形することで証明せよ。

問題 3 3 つの集合の和集合の要素の個数

1 から 100 までの自然数の中に、3 または 5 または 7 の倍数は何個あるか。

問題 4　順列の総合問題 1

　1、2、3、A、B、C の 6 文字を次の条件を満たすように並べる順列の総数を答えよ。

(1) すべてを並べる順列

(2) 両端が数字の順列

(3) 数字がすべて隣り合う順列

(4) どの数字も隣り合わない順列

(5) 1、2、3 がこの順番に並ぶ順列

問題 5　三角形の個数と対角線の本数

　正六角形 ABCDEF の頂点を結んでできる図形について、次の数を求めよ。

(1) すべての三角形の個数

(2) 正六角形と 1 辺を共有する三角形の個数

(3) 正六角形と 2 辺を共有する三角形の個数

(4) 正六角形と辺を共有しない三角形の個数

(5) 対角線の本数

問題 6　対角線の本数の 2 つの求め方

(1) 中学生の頃、凸 n 角形の対角線の本数は $\dfrac{n(n-3)}{2}$ 本と習った方がおられるかと思います。それはなぜか、説明せよ。

(2) 本書で紹介した C を用いて、対角線の本数を求める式を作り、$\dfrac{n(n-3)}{2}$ と等しいことを示せ。

問題7 ネックレスの作り方

完全に球形の区別がつかない白球1個、黒球2個、青球4個を用いてネックレスを作るとき、そのネックレスの作り方は何通りあるか。

問題8 組分けの総合問題

a、b、c、d、e の5人を次のように部屋に入れる方法は、それぞれ何通りあるか。

(1) 区別のある2部屋 A、B に入れ、1人も入らない部屋があっても良いものとする。

(2) 区別のある2部屋 A、B に入れ、各部屋には少なくとも1人は入るものとする。

(3) 区別のある3部屋 A、B、C に入れ、各部屋には少なくとも1人は入るものとする。

(4) 区別のない3部屋に入れ、各部屋には少なくとも1人は入るものとする。

問題9 順列の総合問題2

1、1、1、2、2、3から3文字を選んで並べる方法は何通りあるか。

問題 10　最短経路数

　下の図のような道路で、次の経路は何通りあるか。

（1）PからQまで行く最短経路

（2）Rを通過する、PからQへの最短経路

（3）Rを通過しない、PからQへの最短経路

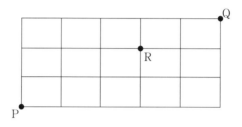

問題 11　5回振るサイコロの目

　1個のさいころを5回振るとき、「1の目」が2回、「2または3の目」が1回、「4以上の目」が2回出る確率を求めよ。

問題 12　3人に2本の当たりくじ

　10本中2本の当たりがあるくじを、A、B、Cの3人がこの順に引く。3人の当たりくじを引く確率をそれぞれ求めよ。ただし、引いたくじは元に戻さないとする。

問題 13　変えるべきか、変えないべきか、それが問題

A、B、C の 3 つの箱のいずれかに入った景品を 1 箱選んで当てるゲームをしている。A の箱を選ぶと、「C の箱ははずれだから、B の箱に変えても良い」と言われた。このとき、A の箱のままか、B の箱に変えるか、どちらが良いか。ただし、景品がどの箱にあるか、はずれのうちのどの箱を伝えるかは、等確率で選ばれるとする。

問題 14　4 回試投するフリースロー

フリースローの成功率が 75% のバスケットボール選手がいる。この選手がフリースローを 4 回うつとき、成功する回数の期待値を求めよ。

問題 15　AI と医療現場

5 人に 1 人がかかる病気があり、その病気を 1 回診断すると 99% 正確な AI があるとする。99% では不安が残るため、この AI は自動で 2 度診断するように設定されている。また、2 度の診断が一致したときのみ、診断を下し、2 度の診断で結果が異なった場合は、人間の医師が再度診断するシステムである。

ある人がその病気にかかっているとき、AI が病気にかかっていないと診断してしまう確率を求めよ。

問題1　Cを含む公式の証明1

等式 $_nC_r = {}_nC_{n-r}$ について、次の問いに答えよ。ただし、$0 \leq r \leq n$ とする。

(1) $_nC_r$ を n 人から r 人の委員を選ぶ方法の総数と考え、等式の意味を説明せよ。

(2) $_nC_r = \dfrac{n!}{r!(n-r)!}$ を用いて、$_nC_{n-r}$ を $_nC_r$ に変形することで証明せよ。

(1)解答

左辺の $_nC_r$ は、n 人から r 人の委員を選ぶ方法の総数ですね。

右辺の $_nC_{n-r}$ は、n 人から $n-r$ 人の委員を選ぶ方法の総数です。

これらのパターン数は等しいでしょうか？

等しいですよね！

$_nC_r$ は、n 人から r 人の「○」を選ぶ方法の総数です。

（選んでいないものは、自動的に「×」とします。）

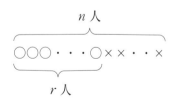

$_nC_{n-r}$ は、n 人から $n-r$ 人の「×」を選ぶ方法の総数です。

（選んでいないものは、自動的に「○」とします。）

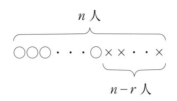

n 人

$n-r$ 人

　両辺ともに、委員になる人を選ぶか、委員にならない人を選ぶかが異なるだけで、同じように○の委員を選んでいますから、そのパターン数は等しいですよね。

(2)解答

$_nC_{n-r}$

$$= \frac{n!}{(n-r)! \{n-(n-r)\}!} = \frac{n!}{(n-r)!r!} = \frac{n!}{r!(n-r)!}$$

$$= _nC_r$$

　これまでは、$_7C_5 = \frac{7\times6\times5\times4\times3}{5\times4\times3\times2\times1}$ と計算してきました。しかしこれからは、今回証明した等式より、$_7C_5 = _7C_{7-5} = _7C_2 = \frac{7\times6}{2\times1}$ と計算すると楽ですね！

知識のアップデート

　数式の意味を解釈しながら学んでいきましょう！「数式⇒日本語」の変換により、思考の言語化、多角思考の2つの能力を鍛えることになります。さらに、AIが苦手と言われる「読解力」を鍛えることにも繋がります。

問題2　C を含む公式の証明2

等式 $r\,_n\mathrm{C}_r = n\,_{n-1}\mathrm{C}_{r-1}$ について、次の問いに答えよ。ただし、$1 \leq r \leq n-1$、$n \geq 2$ とする。

(1) $_n\mathrm{C}_r$ を n 人から r 人の委員を選ぶ方法の総数と考え、等式の意味を説明せよ。

(2) $_n\mathrm{C}_r = \dfrac{n!}{r!\,(n-r)!}$ を用いて、$n\,_{n-1}\mathrm{C}_{r-1}$ を $r\,_n\mathrm{C}_r$ に変形することで証明せよ。

◉(1)ヒント◉

$r\,_n\mathrm{C}_r = n\,_{n-1}\mathrm{C}_{r-1}$ は、左辺の r と $_n\mathrm{C}_r$ を入れ替えて、

$_n\mathrm{C}_r \times r = n \times\,_{n-1}\mathrm{C}_{r-1}$ と考えると良いです。

また、かけ算の記号の前後の2段階に分けて、意味を考えましょう。

(1)解答

左辺は、<u>n 人から r 人の委員を選び</u>、その<u>r 人から1人の委員長を選ぶ方法</u>の総数です。

$$_n\mathrm{C}_r \times r$$

右辺は、<u>n 人から1人の委員長を選び</u>、残りの<u>$n-1$ 人から残りの $r-1$ 人の委員を選ぶ方法</u>の総数です。

$$n \times\,_{n-1}\mathrm{C}_{r-1}$$

両辺ともに、順序が異なるだけで、同じように委員と委員長を

選んでいますから、そのパターン数は等しいですよね。

　要するに

$$n_{n-1}C_{r-1} = n \times \frac{(n-1)!}{(r-1)!\{(n-1)-(r-1)\}!}$$

$$= \cdots = r \times \frac{n!}{r!(n-r)!} = r_nC_r$$

の「・・・」を埋める計算を考える問題ですね！

$$n_{n-1}C_{r-1}$$

$$= n \times \frac{(n-1)!}{(r-1)!\{(n-1)-(r-1)\}!}$$

$$= \frac{n \times (n-1)!}{(r-1)!(n-r)!} = \frac{n!}{(r-1)!(n-r)!}$$

$$= \frac{r \times n!}{r \times (r-1)!(n-r)!} = r \times \frac{n!}{r!(n-r)!}$$

$$= r_nC_r$$

「スタートからの思考」と「ゴールからの逆算の思考」の双方向思考が活躍しましたね！

知識のアップデート

「数式⇒日本語」の変換で、数学を通して「読解力」を鍛えられましたか？

　闇雲に計算するのではなく、双方向思考で目標を立てて変形することで、計算問題を通しても、思考力を鍛えましょう！

問題3　3つの集合の和集合の要素の個数

　1から100までの自然数の中に、3または5または7の倍数は何個あるか。

　3の倍数全体の集合を A、5の倍数全体の集合を B、7の倍数全体の集合を C として説明を進めます。そうしますと、今求めたいのは、$n(A \cup B \cup C)$ ですね。

分問

　$n(A \cup B \cup C) = n(A) + n(B) + n(C)$ としてみましょう。

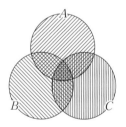

随分余分に数えてしまっていますね・・・。

本問'

　$n(A) + n(B) + n(C)$ の問題点を解消し、$n(A \cup B \cup C)$ を求めましょう。

　$n(A) + n(B) + n(C)$ と計算するだけですと、次のページの図の斜線部は2回、縦線部は3回数えています。

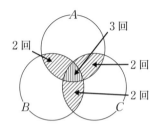

2つの集合の要素の個数で、$n(A \cup B) = n(A) + n(B) - n(A \cap B)$ と数え過ぎた分を引き算して調節しましたので、この発想を発展させましょう。

ということで、

$$n(A) + n(B) + n(C) - n(A \cap B) - n(B \cap C) - n(C \cap A)$$

とすればどうでしょうか？

これでは、まだいけませんね。どのような問題が残っているでしょう？

こうしますと、例えば共通部分 $A \cap B$ は、下図の斜線部と縦線部ですから、

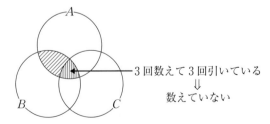

3回数えて3回引いている
⇩
数えていない

$-n(A \cap B) - n(B \cap C) - n(C \cap A)$ と引き算することで、左の
ページの図の縦線部を数えていない状況になってしまいました。
ということで、こうすれば良いですね！

$$n(A \cup B \cup C) = n(A) + n(B) + n(C)$$
$$-n(A \cap B) - n(B \cap C) - n(C \cap A) \underline{+ n(A \cap B \cap C)}$$

　答えは、下のように倍数の個数の足し算と引き算を組み合わせ
て求められまして、

3または5または7の倍数
$= 33 + 20 + 14 \quad -6 \qquad -2 \qquad\quad -4 \qquad\quad +0$

　↑　↑　↑　　↑　　　　↑　　　　　↑　　　　　↑

　3　5　7　3かつ5　5かつ7　7かつ3　3かつ5かつ7

　　　　　　　 ‖　　　　 ‖　　　　　 ‖　　　　　　‖

　　　　　　　15　　　　35　　　　 21　　　　　105

$= 55$（個）

知識のアップデート

　2つの集合の和集合の要素の個数の公式
$n(A \cup B) = n(A) + n(B) - n(A \cap B)$ の「なぜ？」をしっかり理解
していれば、ひらめきは必要なかったのではないでしょうか？知
識は量ではなく質、特に「深さ」で勝負しましょう！

　1、2、3、A、B、C の 6 文字を次の条件を満たすように並べる順列の総数を答えよ。

(1) すべてを並べる順列

(2) 両端が数字の順列

(3) 数字がすべて隣り合う順列

(4) どの数字も隣り合わない順列

(5) 1、2、3 がこの順番に並ぶ順列

(1)解答

6! = 720（通り）

(2)分問

　樹形図をかいてください、とまでは言いませんが、あとで樹形図を計算に反映させることを意識しながら両端が数字の順列の例を 3 つ挙げてください。

12ABC3、1ABC23、32CBA1 等がありますよね。

(2)本問'

　分問で考えた樹形図を計算に反映させ、両端が数字の順列の総数を求めましょう。

　それでは、これらを効率よく樹形図にするにはどのようにすれば良いでしょうか?

　123ABC、と左から順に並べますと、両端が数字ではありませんね・・・。このように、両端が数字でない場合が出ないように効率よく並べるには、

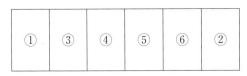

①左端、②右端、③左から 2 番目、④左から 3 番目、⑤左から 4 番目、⑥左から 5 番目と並べれば良いです。69 ページで扱った**条件は先に処理する**ですね。

左端	右端	左から 2 番目	3 番目	4 番目	5 番目	
1	2	3	A	B	C	← 13ABC2
1	3	A	B	C	2	← 1ABC23

　このような樹形図のかき方を、計算に反映させますと、**基本 1「同じパターン数の数え易いものを数える」**により答えは次のように求められますね。

　両端の数字の並べ方が $_3P_2$ 通り、そのそれぞれに対して、中央の 4 つの並べ方が 4! 通りですから、

$$_3P_2 \times 4! = 144 \text{（通り）}$$

樹形図を意識しながら、3つの数字がすべて隣り合う順列の例を3つ挙げてください。

123ABC、A123BC、CBA321 等がありますよね。

分問を参考にして、3つの数字がすべて隣り合う順列の総数を求めましょう。

上図の斜線の場所のいずれかをスタート地点にして、数字が3つ並び、それ以外の場所にはアルファベットが並べば良いので、

$$4 \times 3! \times 3! = 144 \text{（通り）}$$

このように求めても良いですが、隣り合うパターンの問題は、大学入試に向けた一般的な参考書では次のように解きます。

数字が隣り合うので、1、2、3の3つの数字を1まとまりと考えます。まずは「数字の入る箱」と「A」と「B」と「C」の4つを並べ、その後で箱の中の数字を並べるという発想です。

①　□、A、B、C を並べます。

例えば、AB □ C

②　その後、箱の中を並べます。

例えば、箱の中を 213 とし、AB C

これを計算式で表現しますと、

$$4! \times 3! = 144 （通り）$$

↑　　↑

①　　②

基本 1 により、数え易い順番に考えていますね。

---

(4)分問

　樹形図を意識しながら、どの数字も隣り合わない順列の例を 3 つ挙げてください。

1A2B3C、1AB2C3、C1B2A3 等がありますよね。

---

(4)本問'

　分問を参考にして、どの数字も隣り合わない順列の総数を求めましょう。

　どの数字も隣り合わないのは、数字を「数」、アルファベットを「ア」とすると、

数ア数ア数ア、数ア数アア数、数アア数ア数、ア数ア数ア数
の 4 パターンがあり、それぞれの場合に数字の並べ方とアルファ
ベットの並べ方を考えると、

$$4 \times 3! \times 3! = 144 \ （通り）$$

このように求めても良いですが、隣り合うパターンと同様に、
隣り合わないパターンの問題は一般的な参考書では次のように解
きます。

数字が隣り合わないので、**先にアルファベットを並べ、その間
または両端に数字を並べます。**

① 先にアルファベットを並べます。例えば、ABC

② その間または両端に数字を並べます。
    例えば、並べられたアルファベット ABC において、数
    字が並ぶことが可能な場所を○と表記すると、

    ○ A ○ B ○ C ○

となります。この○の 4 ヶ所のうち 3 ヶ所に、1、2、3 の
3 つの数字を並べると考えますと、

    すなわち、1A2BC3

（3）までと同様に、**基本１**により、数え易いものを考えていますね。

これを計算式で表現しますと、

$$3! \times {}_4P_3 = 144 \ （通り）$$

①　　②

---

(5)分問

樹形図を意識しながら、1、2、3がこの順番に並ぶ順列の例を３つ挙げてください。

123ABC、1A2B3C、C1B23A 等がありますよね。

---

(5)本問'

分問を参考にして、1、2、3がこの順番に並ぶ順列の総数を求めましょう。

（頭の中で）樹形図をどのようにかきましたか？

例えば、左から1、2、3の順に適当な間隔で並べ、その後残った場所にアルファベットを適当に並べれば良いですね。

それでは、これを計算に落とし込みましょう！

①左から1、2、3の順に適当な間隔で並べる。これは順番が固定されていますので、$_6C_3$ 通りありますね。

例　この時点で、1 ア 2 ア ア 3

②アルファベットを並べる。これは3! 通りですね。

例　これで、1C2AB3 となる。

(4) までと同様に、**基本1**により、数え易いものとの1対1対応を活用していますね！

よって、答えは　　$_6C_3 × 3! = 120$（通り）

　　　　　　　　　　　↑　　↑

　　　　　　　　　　　①　　②

このように求めても良いですが、(3)、(4) と同様に、ある順番に並ぶパターンの問題は、一般的な参考書では次のように解きます。同じものを含む順列を使った解法です。

①**数字を全て区別のない○と考えて並べます。**
②**その○に1，2，3をこの順番に並べます。**

　　　　　　　　　①　　　　　　　　②

　　　　○ A B C ○ ○　　→　　1ABC23

　　　　A ○ B ○ ○ C　　→　　A1B23C

　　　　○ ○ ○ A B C　　→　　123ABC

142

このように対応させたものを数えれば、**基本 1** により求められますよね。よって、○が 3 個と、A が 1 個、B が 1 個、C が 1 個の計 6 個の同じものを含む順列と考え、

$$\frac{6!}{3!1!1!1!} = 120 \ （通り）$$

第 5 章では(3)〜(5)の発想が定着していることが前提ですので、いつでも引き出せるようにしておきましょう。

知識のアップデート

改めて、樹形図の有用性を見直しましたか？

順列と、同じものを含む順列の壁は壊れましたか？

(2)〜(5)の様々な工夫が、基本 1 で関連付けられましたか？

問題 5　三角形の個数と対角線の本数

正六角形 ABCDEF の頂点を結んでできる図形について、次の数を求めよ。

(1) すべての三角形の個数

(2) 正六角形と 1 辺を共有する三角形の個数

(3) 正六角形と 2 辺を共有する三角形の個数

(4) 正六角形と辺を共有しない三角形の個数

(5) 対角線の本数

分問

正六角形の 3 頂点を結び、三角形を 3 つ作ってみましょう。

4つ例を挙げておきます。

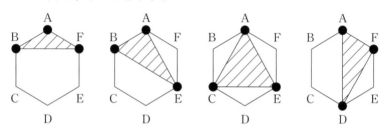

これを基にして、それぞれの個数を求めていきます！

効率よく数えるために、**基本1**をガンガン用いましょう！

(1)解答

すべての三角形の個数は、正六角形の6つの頂点から3頂点を選べば、1つの三角形が得られますので、

$$_6C_3 = 20 \text{（個）}$$

基本1 「選ばれた3点を結んだ図形」＝「三角形」

(2)解答

正六角形と1辺を共有する三角形は、分問の例の、

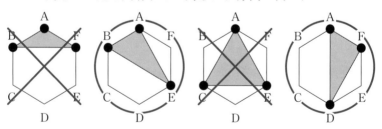

が条件を満たしていますね。どのように個数を求めましょう。

　共有する1辺を辺 AB と決めると、1辺しか共有しないために
は、もう1点の選び方は D または E の2通りがありますね。

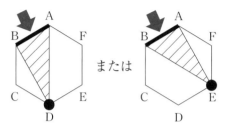

または

よって、求める個数は、　6×2＝12（個）

> 基本1　「選ばれた1辺と他の1点を結んだ図形」
>
> 　　　　　　　　　＝「1辺を共有する三角形」

(3)解答

　正六角形と2辺を共有する三角形は、分問の例の、

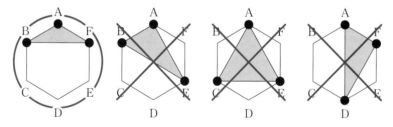

が条件を満たしていますね。どのように個数を求めましょう。

　この例の他にも、次のページの図のようなものがあります。

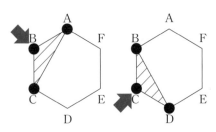

　矢印のように正六角形の各頂点に1つずつ2辺を共有する三角形が作れますから、答えは6個です。

基本1　「正六角形の頂点の個数」

　　　　＝「2辺を共有する三角形の個数」

---

(4)解答

　正六角形と1辺も共有しない三角形は、分問の例の、

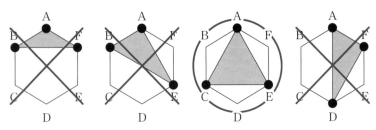

が条件を満たしていますね。他には、

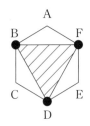

しかありませんので、答えは２個です。

　別解、または検算として、（1）〜（3）の結果を使って（4）を解いてみましょう！

　補集合を考えますと、
　１辺も共有しない三角形の個数
＝全ての三角形の個数－１辺を共有する三角形の個数－２辺を共有する三角形の個数
＝　　　　20　　　－　　　　12　　　－　　　　　6
＝２（個）

(5)解答

（1）と同様に考えて、$_6C_2 = 15$（本）ですね。

いや、これは間違いですよね。その理由は分かりますか？

６つの頂点から、２点を選ぶと、次のような「線分」が得られます。

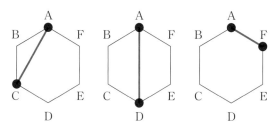

３つ目の線分は、「対角線」ですか？

違いますよね。正六角形の「辺」になってしまっています。ということで、答えは、6本の**辺**を除いて、$_6C_2 - 6 = 15 - 6 = 9$（本）です。

余分に数えて引きましたので、**基本2**を利用していますね。

知識のアップデート

基本1はいかに適用範囲が広いか理解しましたか？

補集合がひらめく、すなわち、自分の計算をベン図上で把握しながら解いていますか？

批判的思考で、常に例外の存在に気を配りながら解きましょう。

問題6　対角線の本数の2つの求め方

(1) 中学生の頃、凸 n 角形の対角線の本数は $\dfrac{n(n-3)}{2}$ 本と習った方がおられるかと思います。それはなぜか、説明せよ。

(2) 本書で紹介した C を用いて、対角線の本数を求める式を作り、$\dfrac{n(n-3)}{2}$ と等しいことを示せ。

(1)解答

凸 n 角形と言われてもかけませんので、図は六角形をかいて考えていきます。

1つの頂点から、何本の対角線が引けますか？

その頂点自身と、両隣りの頂点を除いた、$n-3$ 本引けますよね！

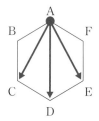

始点となる頂点は、n 角形ですから n 個ありますので、対角線の本数は $n(n-3)$ 本、で終わりではありませんね！始点を変えて、対角線を図示してみて、もう1つアイデアを加えてください！

下に3つの頂点からの図をかいてみました。

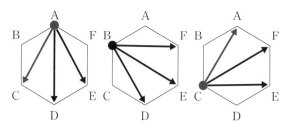

青色の1つの対角線を、2つの頂点から重複して数えてしまっていますね・・・。

よって、**基本3「同じものと数えるパターン数で割る」** を適用して、$\dfrac{n(n-3)}{2}$ 本

(2)解答

問題5 (5) を一般化して、n 個の頂点から2頂点を選び、それらを結んだ線分から、辺になってしまう n 本を除けば良いですか

ら、対角線の本数は、$_nC_2 - n$ 本です。

これを計算して、$\dfrac{n(n-3)}{2}$ と等しいことを示せば良いですね。

$$_nC_2 - n = \frac{n(n-1)}{2 \cdot 1} - n = \frac{n}{2}(n-1) - \frac{n}{2} \times 2$$

$$= \frac{n}{2} \times \{(n-1) - 2\} = \frac{n(n-3)}{2}$$

これで、中学生の頃習った（？）公式とも関連付けることができましたね。

知識のアップデート

様々な角度から問題にアプローチすること、新たに学んだことが既知の事項といかに繋がるかを意識しながら学ぶ姿勢が大切です。

問題7　ネックレスの作り方

完全に球形の区別がつかない白球1個、黒球2個、青球4個を用いてネックレスを作るとき、そのネックレスの作り方は何通りあるか。

分問

この問題は、第2章で説明したどの事項と最も関係する問題でしょうか？

円順列、さらにはじゅず順列に関係していますね。

分問2

　区別がつかない、かつ、7 個の球がありますので、どのように解き始めましょうか？

　基本 3「同じものと数えるパターン数で割る」の適用は難しそうなので、1 つ固定するのが良さそうですね。それではどの球を固定しましょうか？

　1 つだけ他の球と区別がつく「白球」を固定しましょう。

本問'

　白球を下に固定して、ネックレスの作り方は何通りあるか求めましょう。

　固定されていない球は、黒球 2 個、青球 4 個の合計 6 個ですから、同じものを含む順列で考えますと、

$$\frac{6!}{2!4!} = 15 \text{（通り）}$$

ではありませんね！この問題点が分かりますか？

それでは、下図の2つの「ネックレス」を見てください。

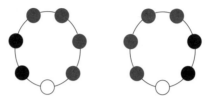

　左右対称でないネックレスは、中央を軸に裏返すと同じネックレスになりますね！

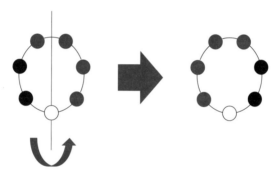

　先程の15通りの中には、下図のように左右対称なネックレスが3通り含まれています。

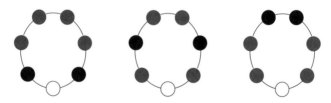

　それ以外の12通りは、裏返すと同じネックレスになるものがありますので、**基本3**により、2で割ります。

　よって、このようなネックレスの作り方は、

$$3 + \frac{12}{2} = 9 \text{（通り）}$$

　初めの 15 通りが、裏返すと同じになるネックレスを考慮することで 9 通りになる様子を図で示しておきます。

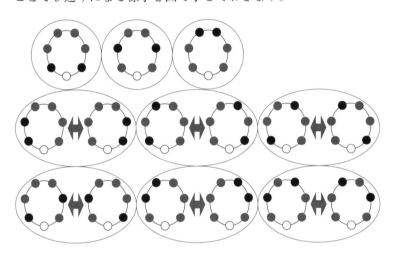

知識のアップデート

　円順列とじゅず順列に加え、同じものを含む順列が個々のバラバラな知識ではなく、繋がりのあるものとなりましたか？

　また、自分で手を動かし、いくつかの具体例から対称性を見出す批判的思考が大切です。

問題 8　組分けの総合問題

　a、b、c、d、e の 5 人を次のように部屋に入れる方法は、それぞれ何通りあるか。

(1) 区別のある2部屋A、Bに入れ、1人も入らない部屋が
   あっても良いものとする。

(2) 区別のある2部屋A、Bに入れ、各部屋には少なくとも
   1人は入るものとする。

(3) 区別のある3部屋A、B、Cに入れ、各部屋には少なく
   とも1人は入るものとする。

(4) 区別のない3部屋に入れ、各部屋には少なくとも1人は
   入るものとする。

(1)解答

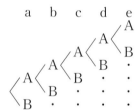

a　b　c　d　e

上図のように、a、b、c、d、eはそれぞれA、Bの2つの選択
肢がありますので、

$$2^5 = 32（通り）$$

(2)解答

今回は、各部屋には少なくとも1人は入るようにします。(1)
から何が変わるかを意識しながら、改めて上の樹形図（の一部）
を見てみましょう。

　お気付きになりましたか？一番上の入れ方は、全員が A 部屋に入りますので、B 部屋には 1 人も入りませんね！

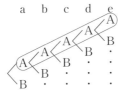

ということで、(1) から全員が A 部屋に入る場合と B 部屋に入る場合を除きますと、

$$2^5 - 2 = 30 \text{（通り）}$$

　小問で (1)、(2) と誘導されてはいましたが、**基本 2「余分に数えて引く」**を適用しましたね。

(3)解答

　3 部屋 A、B、C に部屋が増え、さらに各部屋には少なくとも 1 人は入るようにするという問題ですね。

　(1)、(2) の流れをまねしながら解いてみましょう。

　まずは、1 人も入らない部屋があっても良いとしますと、

$$3^5 = 243 \text{（通り）}$$

　ここから、1 人も入らない部屋がある場合を引けば良いですから、A 部屋だけ、B 部屋だけ、C 部屋だけの場合の 3 通りを引いて、

$$3^5 - 3 = 240 \text{（通り）}$$

これではいけません！まだ考慮していないのはどのような場合でしょうか？

5人のうち4人がA部屋、1人がB部屋のように、2部屋だけに入り、1人も入らない部屋ができてしまう場合があります。ですから、この場合をさらに引かなくてはなりません。

3部屋のうち、どの2部屋に入るかで $_3C_2$ 通り、その2部屋に入る（1部屋になる場合はもちろん除きます）のは 2^5-2 通りですから、答えは、

$$3^5 - {}_3C_2(2^5-2) - 3 = 243 - 3 \times 30 - 3 = 150 \text{（通り）}$$

$$\uparrow \qquad\quad \uparrow$$

2部屋だけ　1部屋だけ

(4)解答

（3）との違いは、3部屋に区別がないことです。（3）から部屋の区別をなくすと、どのように変わりますか？

部屋の区別があるとき

A	B	C
a	bc	de
a	de	bc
bc	a	de
bc	de	a
de	a	bc
de	bc	a

A	B	C
a	b	cde
a	cde	b
b	a	cde
b	cde	a
cde	a	b
cde	b	a

部屋の区別をなくすと

a の 1 人部屋と、bc、de の 2 人部屋

a、b の 1 人部屋と、cde の 3 人部屋

よって、**基本 3「同じものと数えるパターン数で割る」**により、(3) の答えを 3! で割りまして、

$$\frac{150}{3!} = 25 \text{（通り）}$$

ところで皆さん、この解法のように重複順列の発想と繋げて解きましたか？ 5 人を何部屋かに分けるわけですから、「組分け」で解くこともできるはずですよね。それでは、そちらの解法で、まず、(1)、(2) を解いてみましょう。

(1)別解

　人数の割り振りは、0人と5人、1人と4人、2人と3人、3人と2人、4人と1人、5人と0人の場合があります。全ての場合において、A部屋に入る人を決めれば、残りの人は自動的にB部屋に入ることになりますので、答えは、

$$_5C_0 + {}_5C_1 + {}_5C_2 + {}_5C_3 + {}_5C_4 + {}_5C_5 = 1 + 5 + 10 + 10 + 5 + 1 = 32（通り）$$

　本問（1）の先程の解答 2^5 を $(1+1)^5$ として等号で結びますと、

$$_5C_0 + {}_5C_1 + {}_5C_2 + {}_5C_3 + {}_5C_4 + {}_5C_5 = (1+1)^5$$

これは、「二項定理」と呼ばれる定理からも導かれる関係です。

(2)別解

（1）から、0人と5人、5人と0人の場合を除けば良いですから、

$$32 - 2 = 30（通り）$$

または　$_5C_1 + {}_5C_2 + {}_5C_3 + {}_5C_4 = 5 + 10 + 10 + 5 = 30（通り）$

　3部屋の場合は、部屋の区別があるとこの解法では面倒なので、150通りもありますし紙面の都合で割愛しまして、（4）に行きます！部屋に区別がない、こちらの問題の方が、学ぶ内容が多いと思います。

（4）別解

　区別のない 3 部屋に入り、1 人も入らない部屋がないという条件下での人数のバランスは、(3、1、1)、(2、2、1) しかありませんので、答えは、

$$
{}_5C_3 \times {}_2C_1 + {}_5C_2 \times {}_3C_2 = 10 \times 2 + 10 \times 3 = 50 \text{（通り）}
$$

　あれ、先程の答えの「25 通り」と異なっていますね・・・。どちらが間違っているのでしょうか？

　後者の解法に間違いがありますね。区別のない 3 部屋ですから、

　　　　(3、1、1) と部屋に入る場合は、1 人部屋 2 つ、

　　　　(2、2、1) と部屋に入る場合の、2 人部屋 2 つ、

これらは区別がつきませんので、2! で割る必要が出てきますので、

$$
\frac{{}_5C_3 \times {}_2C_1}{2!} + \frac{{}_5C_2 \times {}_3C_2}{2!} = 10 + 15 = 25 \text{（通り）}
$$

知識のアップデート

　部屋の区別、空部屋のありなしを組み合わせて扱うことで、知識が整理、そして体系化されましたか？

　2 つの解法により、重複順列、組分けの境界に重なりがあることを理解し、1 問 1 答の暗記数学から抜け出すきっかけになりましたか？

　(1) の別解で紹介しました「二項定理」との繋がりのように、より広く関連付けていくことも高校数学の面白さかと思います。

問題9 順列の総合問題2

1、1、1、2、2、3から3文字を選んで並べる方法は何通りあるか。

解答

樹形図を「しっかりと」かいてみましょう。

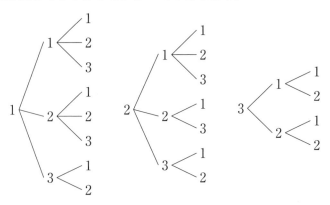

答えが出ましたね。19通りです。

別解

計算によって求めてみましょう。

1、1、1、2、2、3と、1が3個、2が2個ありますので、同じものを含む順列が思い浮かぶかと思います。それでは、その方針で解いてみましょう。同じものが何個ずつあるかによって、場合分けが必要ですよね。

① 1が3個のとき　1通り

② 1が2個のとき

1以外の数字の選び方が2通りあり、1が2個と今選ばれた数字の同じものを含む順列は $\dfrac{3!}{2!1!}$ 通りありますので、

$$2 \times \dfrac{3!}{2!1!} = 6 \text{（通り）}$$

③ 1が1個、2が2個のとき

$$\dfrac{3!}{1!2!} = 3 \text{（通り）}$$

④ 1が1個、2が1個、3が1個のとき

$$3! = 6 \text{（通り）}$$

⑤ 2が2個、3が1個のとき

$$\dfrac{3!}{2!1!} = 3 \text{（通り）}$$

①〜⑤より、　$1 + 6 + 3 + 6 + 3 = 19$ （通り）

選んで、並べる、80ページの順列の分解が活躍しましたね。

樹形図、計算の両方から解いてみましたが、どちらが簡単、もしくは確実でしたか？

知識のアップデート

色々な知識を得ましたが、やはり、「一番の基礎は樹形図」、と再確認しましょう！

　下の図のような道路で、次の経路は何通りあるか。

（1）P から Q まで行く最短経路

（2）R を通過する、P から Q への最短経路

（3）R を通過しない、P から Q への最短経路

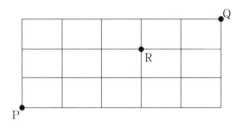

(1)解答

→が 5 個、↑が 3 個の合計 8 個の同じものを含む順列の総数と
一致しますので、

$$\frac{8!}{5!3!} = 56 \ （通り）$$

(2)解答

P から R まで

　　→が 3 個、↑が 2 個の合計 5 個の同じものを含む順列

R から Q まで

　　→が 2 個、↑が 1 個の合計 3 個の同じものを含む順列

これらと、積の法則より、

$$\frac{5!}{3!2!} \times \frac{3!}{2!1!} = 10 \times 3 = 30 \ （通り）$$

(3)解答

基本 2（補集合の要素の個数）を用いて、(1) から (2) を引けば良いですね！

$$56 - 30 = 26 \text{（通り）}$$

(3)別解

基本 2 を用いずに、求めてみましょう。

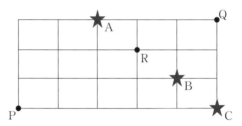

　上図のように、ポイントとなる交差点を★ A ～★ C で表し、場合分けをして求めます。

★ A を通過　→が 2 個、↑が 3 個の合計 5 個の同じものを含む
　　　　　　　順列により A に到達し、その後は右に進む 1 通り
　　　　　　　ですから、

$$\frac{5!}{2!3!} \times 1 = 10 \text{（通り）}$$

★ B を通過　→が 4 個、↑が 1 個の合計 5 個の同じものを含む

順列により B に到達し、その後、→が 1 個、↑が

2 個の合計 3 個の同じものを含む順列により Q に

到達しますので、

$$\frac{5!}{4!1!} \times \frac{3!}{1!2!} = 15 \ (通り)$$

★ C を通過　5 回右に進み、その後 3 回上に進む 1 通り

よって、答えは、 $10 + 15 + 1 = 26$ （通り）

知識のアップデート

　同じものを含む順列、積の法則、基本 2、場合分けを組み合わせて解くことで、それぞれの理解が深まりましたか？

問題 11　5 回振るサイコロの目

　1 個のさいころを 5 回振るとき、「1 の目」が 2 回、「2 または 3 の目」が 1 回、「4 以上の目」が 2 回出る確率を求めよ。

解答

　さいころを 1 回振り、1 の目が出る確率は $\frac{1}{6}$、2 または 3 の目が出る確率は $\frac{2}{6} = \frac{1}{3}$、4 以上の目が出る確率は $\frac{3}{6} = \frac{1}{2}$ ですから、

$$\left(\frac{1}{6}\right)^2 \cdot \frac{1}{3} \cdot \left(\frac{1}{2}\right)^2 = \frac{1}{432}$$

ではありませんね！間違いの理由は分かりますか？

　これでは、1、2回目に1の目、3回目に2または3の目、4、5回目に4以上の目が出る確率のみしか計算していませんよね。

　表をつくって、整理してみましょう。1の目が出ることを「A」、2または3の目が出ることを「B」、4以上の目が出ることを「C」としますと、今回は、

1回目	2回目	3回目	4回目	5回目	確率
A	A	B	C	C	$\frac{1}{6}\times\frac{1}{6}\times\frac{1}{3}\times\frac{1}{2}\times\frac{1}{2}$
A	A	C	B	C	$\frac{1}{6}\times\frac{1}{6}\times\frac{1}{2}\times\frac{1}{3}\times\frac{1}{2}$
A	A	C	C	B	$\frac{1}{6}\times\frac{1}{6}\times\frac{1}{2}\times\frac{1}{2}\times\frac{1}{3}$
·	·	·		·	·
·	·	·		·	·
C	C	B	A	A	$\frac{1}{2}\times\frac{1}{2}\times\frac{1}{3}\times\frac{1}{6}\times\frac{1}{6}$

　この表といえば、「反復試行の確率」ですね！では、計算は大丈夫でしょうか？

　かけ算は順番を入れ替えても結果は変わりませんので、$\left(\frac{1}{6}\right)^2\times\frac{1}{3}\times\left(\frac{1}{2}\right)^2$ がいくつ現れたでしょうか？

Aが2個、Bが1個、Cが2個の合計5個の同じものを含む順列を考えると、

$$\frac{5!}{2!1!2!} = 30 \text{（通り）}$$

よって、正解は、

$$\frac{5!}{2!1!2!} \times \left(\frac{1}{6}\right)^2 \cdot \frac{1}{3} \cdot \left(\frac{1}{2}\right)^2 = 30 \times \frac{1}{432} = \frac{5}{72}$$

知識のアップデート

反復試行の確率は、$_nC_r p^r (1-p)^{n-r}$ で求められると紹介しましたが、改めてその構造を確認できたでしょうか？ただ当てはめるのではなく、式の意味、すなわち、「$_nC_r$、p^r、$(1-p)^{n-r}$ がそれぞれどのような意味を持つのか」を理解していることが大切です。

問題12　3人に2本の当たりくじ

10本中2本の当たりがあるくじを、A、B、Cの3人がこの順に引く。3人の当たりくじを引く確率をそれぞれ求めよ。ただし、引いたくじは元に戻さないとする。

分問

直感的に、皆さんならば何番目に引きたいですか？

この分問に正解はありません。それでは、何番目が一番良いかを、理論的に、論理の力で明らかにしていきましょう。

解答

A が当たりくじを引く確率は、　$\dfrac{2}{10} = \dfrac{1}{5}$

B が当たりくじを引く確率は、次の 2 つの、互いに排反な事象の確率の合計になります。

① A○　→　B○

A が引いたくじは元に戻しませんので、B は 1 本減った状態で引くことになります。よって、確率の乗法定理より

$$\dfrac{2}{10} \times \dfrac{1}{9} = \dfrac{2}{90}$$

② A×　→　B○

$$\dfrac{8}{10} \times \dfrac{2}{9} = \dfrac{16}{90}$$

①、②を合わせますと、B が当たりくじを引く確率は、

$$\dfrac{2}{90} + \dfrac{16}{90} = \dfrac{18}{90} = \dfrac{1}{5}$$

最後に、C が当たりくじを引く確率を求めましょう。

A の当たりとはずれ、B の当たりとはずれの、それぞれ 2 通りずつありますから、2×2 で 4 通りありますので、次のようになりますね。

① A○ → B○ → C○

$$\frac{2}{10} \times \frac{1}{9} \times \frac{0}{8} = 0$$

2 本しか当たりくじがありませんので、当たるわけありませんよね・・・。

② A○ → B× → C○

$$\frac{2}{10} \times \frac{8}{9} \times \frac{1}{8} = \frac{16}{720}$$

③ A× → B○ → C○

$$\frac{8}{10} \times \frac{2}{9} \times \frac{1}{8} = \frac{16}{720}$$

④ A× → B× → C○

$$\frac{8}{10} \times \frac{7}{9} \times \frac{2}{8} = \frac{112}{720}$$

①〜④は互いに排反ですから、C が当たりくじを引く確率は、

$$0 + \frac{16}{720} + \frac{16}{720} + \frac{112}{720} = \frac{144}{720} = \frac{1}{5}$$

3 人がくじを引いて、2 本しか当たりくじがないのですから、3 番目には引きたくなかったのではないでしょうか？実際、A、B、C の当たりくじを引く確率を、それぞれ求めましたが、何番目に引きたくなりましたか？

知識のアップデート

　分問で直感的に何番目に引きたいかを問いかけましたが、論理的思考により、知識のみでなく、直感もアップデートしていただけたでしょうか。理論武装した直感が直観だと思います。

　確率の乗法定理と加法定理の合わせ技の問題でしたので、両者の良い復習になりましたか？

問題 13　変えるべきか、変えないべきか、それが問題

　A、B、C の 3 つの箱のいずれかに入った景品を 1 箱選んで当てるゲームをしている。A の箱を選ぶと、「C の箱ははずれだから、B の箱に変えても良い」と言われた。このとき、A の箱のままか、B の箱に変えるか、どちらが良いか。ただし、景品がどの箱にあるか、はずれのうちのどの箱を伝えるかは、等確率で選ばれるとする。

　あなたなら、変えますか？変えませんか？

　景品がどの箱にあるかは、等確率で選ばれるとありますから、C の箱がどうであろうと A の箱から変更はしない、という方が多いでしょうか？

　それでは、論理的思考でどちらが良いかはっきりさせましょう。

　どのような確率を比較すれば、どちらが良いか判断できますか？

「Cの箱がはずれと言われたとき、Aの箱に景品がある条件付き確率」と「Cの箱がはずれと言われたとき、Bの箱に景品がある条件付き確率」を比較すれば、良いですね。

　この問題は、条件付き確率に関連した有名な「モンティ・ホール問題」の類題です。

分問2

　Cの箱がはずれと言われたとき、Aの箱に景品がある条件付き確率は、どのような確率を組み合わせた分数を計算すれば良いか、日本語で答えてください。

$$\frac{\text{Cの箱がはずれと言われる、かつ、Aの箱に景品がある確率}}{\text{Cの箱がはずれと言われる確率}}$$

です。

本問'

　分問の「2つの条件付き確率」を比較し、どちらが良いか判断しましょう。

170

景品を○として、流れを整理します。

① A の箱に景品があるとき（確率 $\frac{1}{3}$）

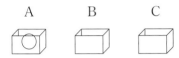

　B、C のいずれもはずれと言われる可能性があるが、C がはずれと言われる（確率 $\frac{1}{2}$）

　A の箱のまま　　当たり
　B の箱に変える　はずれ

② B の箱に景品があるとき（確率 $\frac{1}{3}$）

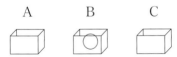

C がはずれと言われるしかない（確率 1）

　A の箱のまま　　はずれ
　B の箱に変える　当たり

③Cの箱に景品があるとき（確率$\frac{1}{3}$）

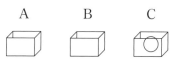

Cがはずれと言えない（確率0）

よって、「Cの箱がはずれと言われる確率」は、
$$\frac{1}{3} \times \frac{1}{2} + \frac{1}{3} \times 1 + \frac{1}{3} \times 0 = \frac{1}{2}$$

↑ ↑ ↑

① ② ③

また、「Cの箱がはずれと言われる、かつ、Aの箱に景品がある確率」は、①のAの箱のままの場合から、
$$\frac{1}{3} \times \frac{1}{2} = \frac{1}{6}$$

さらに、「Cの箱がはずれと言われる、かつ、Bの箱に景品がある確率」は、②のBの箱に変える場合から、
$$\frac{1}{3} \times 1 = \frac{1}{3}$$

分問2を参考にして、これらを分数にしますと、

「Cの箱がはずれと言われたとき、Aの箱に景品がある条件付き確率」は、

$$\frac{\dfrac{1}{6}}{\dfrac{1}{2}} = \frac{1}{3}$$

「Cの箱がはずれと言われたとき、Bの箱に景品がある条件付き確率」は、

$$\frac{\dfrac{1}{3}}{\dfrac{1}{2}} = \frac{2}{3}$$

景品が当たる確率は、Aの箱のままだと（予想通り）$\dfrac{1}{3}$、Bの箱に変えると $\dfrac{2}{3}$ ですから、Bの箱に変えた方が良いですね！

あなたの直感は正しかったですか？

Bの箱に変えると、当たる確率が倍になるとは驚きですね！

知識のアップデート

モンティ・ホール問題は、条件付き確率の威力を実感するために最適の問題だと思います！確率は、歴史上、賭け金の分配等といったゲームの要素と密接に繋がっています。このような数学の発展とその文化的背景を学ぶのも面白いかと思います。

フリースローの成功率が75%のバスケットボール選手が
いる。この選手がフリースローを4回うつとき、成功する回
数の期待値を求めよ。

分問

直感的に、成功する回数の期待値は何回だと思いますか？

皆さんの直感が当たると良いのですが。

解答

期待値の問題ですから、例の表を埋めれば良いですね。

回数	0	1	2	3	4	計
確率						1

フリースローの成功率が75％ですから、成功する確率は

$\dfrac{75}{100} = \dfrac{3}{4}$ となり、失敗する確率は、その余事象を考えますと、

$1 - \dfrac{3}{4} = \dfrac{1}{4}$ ですね。

それでは、0回の場合から確率を求めていきましょう。

①成功する回数が0回のとき

4回とも外れる確率ですので、　$\left(\dfrac{1}{4}\right)^4 = \dfrac{1}{256}$

②成功する回数が1回のとき

1回だけ成功する確率ですから、　$\dfrac{3}{4}\left(\dfrac{1}{4}\right)^3 = \dfrac{3}{256}$

これが間違いなのはよろしいですね？

これでは、1回目だけ成功する確率しか求めていません。成功を○、失敗を×として、表を作成して、整理しましょう。

1回目	2回目	3回目	4回目	確率
○	×	×	×	$\dfrac{3}{4} \times \dfrac{1}{4} \times \dfrac{1}{4} \times \dfrac{1}{4}$
×	○	×	×	$\dfrac{1}{4} \times \dfrac{3}{4} \times \dfrac{1}{4} \times \dfrac{1}{4}$
×	×	○	×	$\dfrac{1}{4} \times \dfrac{1}{4} \times \dfrac{3}{4} \times \dfrac{1}{4}$
×	×	×	○	$\dfrac{1}{4} \times \dfrac{1}{4} \times \dfrac{1}{4} \times \dfrac{3}{4}$

この表といえば、「反復試行の確率」ですね。

かけ算は順番を入れ替えても結果は変わりませんから、確率は全て $\frac{3}{4}\left(\frac{1}{4}\right)^3$ ですね。これが、4回中どの1回で成功するかを選ぶので、${}_4\mathrm{C}_1$ の4回現れます。よって、成功する回数が1回の確率は、

$$_4\mathrm{C}_1 \times \frac{3}{4}\left(\frac{1}{4}\right)^3 = \frac{12}{256}$$

③成功する回数が2回のとき

②を参考にしますと、${}_4\mathrm{C}_2 \times \left(\frac{3}{4}\right)^2\left(\frac{1}{4}\right)^2 = \frac{54}{256}$

④成功する回数が3回のとき

$$_4\mathrm{C}_3 \times \left(\frac{3}{4}\right)^3 \cdot \frac{1}{4} = \frac{108}{256}$$

⑤成功する回数が4回のとき

4回全て成功する確率ですから、 $\left(\frac{3}{4}\right)^4 = \frac{81}{256}$

①と⑤も反復試行の確率を用いたい場合は、${}_n\mathrm{C}_0 = 1$、$a^0 = 1$ ですから、

①は、$\underline{{}_4\mathrm{C}_0} \times \underbrace{\left(\frac{3}{4}\right)^0}_{\parallel}\underbrace{\left(\frac{1}{4}\right)^4}_{} = \frac{1}{256}$　⑤は、${}_4\mathrm{C}_4 \times \left(\frac{3}{4}\right)^4\underbrace{\left(\frac{1}{4}\right)^0}_{\parallel} = \frac{81}{256}$

$\qquad\quad \parallel \qquad \parallel \qquad\qquad\qquad\qquad\qquad\qquad \parallel$

$\qquad\quad 1 \qquad\ 1 \qquad\qquad\qquad\qquad\qquad\qquad 1$

としても良いです。

これで期待値を求めるための表が埋められますね。検算として確率の合計が1になるか確かめることをお忘れなく。

回数	0	1	2	3	4	計
確率	$\dfrac{1}{256}$	$\dfrac{12}{256}$	$\dfrac{54}{256}$	$\dfrac{108}{256}$	$\dfrac{81}{256}$	1

よって、求める期待値は

$$0 \times \frac{1}{256} + 1 \times \frac{12}{256} + 2 \times \frac{54}{256} + 3 \times \frac{108}{256} + 4 \times \frac{81}{256}$$
$$= \quad 0 \quad + \quad \frac{12}{256} \quad + \quad \frac{108}{256} \quad + \quad \frac{324}{256} \quad + \quad \frac{324}{256}$$
$$= 3（回）$$

分問での皆さんの予想と一致しましたか？多くの方が、$4 \times 0.75 = 3$（回）と思い、一致したのではないでしょうか。この直感が正しいことを証明します。場合の数と確率以外の高校数学にも通じておられる方は、ご自分で挑戦していただけると幸いです。

成功する確率が p である試行を n 回反復するとき、その成功する回数の期待値 $E(X)$ が、np となることを証明します。

$$E(X) = 0 \times (1-p)^n + \underline{1 \times {}_nC_1\, p(1-p)^{n-1}} + \underline{2 \times {}_nC_2\, p^2(1-p)^{n-2}}$$
$$+ \cdots + \underset{\sim}{n \times {}_nC_n\, p^n}$$

⬇ 131 ページで扱った $r_n\mathrm{C}_r = n_{n-1}\mathrm{C}_{r-1}$

$$= 0 + \underline{n_{n-1}\mathrm{C}_0\, p(1-p)^{n-1}} + \underline{n_{n-1}\mathrm{C}_1\, p^2(1-p)^{n-2}} + \cdots + \underset{\sim}{n_{n-1}\mathrm{C}_{n-1}\, p^n}$$
$$= np \left\{ {}_{n-1}\mathrm{C}_0(1-p)^{n-1} + {}_{n-1}\mathrm{C}_1\, p(1-p)^{n-2} + \cdots + {}_{n-1}\mathrm{C}_{n-1}\, p^{n-1} \right\}$$

⬇二項定理 $(a+b)^n = {}_n\mathrm{C}_0 a^n + {}_n\mathrm{C}_1 a^{n-1}b + \cdots + {}_n\mathrm{C}_n b^n$

$$= np \left\{ (1-p) + p \right\}^{n-1}$$
$$= np \times 1^{n-1}$$
$$= np$$

　この計算から、試行の回数と成功する確率の積となっていることが証明できました。要するに、$4 \times 0.75 = 3$（回）で正しいということですね！

　今の計算ですと、np に変形したいという目的意識を忘れず、全ての項に n が欲しいな、足し算をまとめたいなと、計算ではありましたが、現状と目標を行き来しながらの「複眼的思考（双方向思考）」が必要でしたね！

　このような確率の分布を「二項分布」といいますので、統計に興味がおありでしたら、この問題をきっかけにさらに学んでいただけたらと思います。

知識のアップデート

　分問で予想した結果に対していかがでしたか？論理的思考によって、直感を正したり、改めたりすることができますので、直感も重要ですが、頼りすぎることなく、複眼的思考ができると良いですね！

　期待値と、反復試行の確率の融合問題でした。2つの基礎事項について、期待値という「大局観」を持ちながら、反復試行という「細部」を見て、微積思考できたでしょうか？

　発展的に、統計への橋渡しともなる問題でしたので、更なる学びに繋げていただけたらと思います。

　5 人に 1 人がかかる病気があり、その病気を 1 回診断する
と 99％正確な AI があるとする。99％では不安が残るため、
この AI は自動で 2 度診断するように設定されている。ま
た、2 度の診断が一致したときのみ、診断を下し、2 度の診
断で結果が異なった場合は、人間の医師が再度診断するシス
テムである。

　ある人がその病気にかかっているとき、AI が病気にか
かっていないと診断してしまう確率を求めよ。

解答

　文章が長いですが、誤診する確率が 1％の AI ですから、誤診
する確率は、自動で 2 度診断するように設定されていることを忘
れず考慮すると、

$$\frac{1}{100} \times \frac{1}{100} = \frac{1}{10,000}$$

「ある人がその病気にかかっているとき、AI が病気にかかって
いないと診断してしまう確率」ですから、条件付き確率を思い浮
かべた方もおられるかもしれません。それでは、条件付き確率を
用いた別解を紹介します。

別解の分問

　条件付き確率を求めるには、どのような確率を組み合わせた分数を計算すれば良いか、日本語で答えてください。

$$\frac{\text{ある人が病気にかかっている、かつ、}}{\text{ある人が病気にかかっている確率}}$$
（AI が病気にかかっていないと診断する確率）

別解

　分母の「ある人が病気にかかっている確率」は　$\dfrac{1}{5}$

　分子の「ある人が病気にかかっている、かつ、AI が病気にかかっていないと診断する確率」は、　$\dfrac{1}{5} \times \dfrac{1}{100} \times \dfrac{1}{100}$

　よって、　$\dfrac{\dfrac{1}{5} \times \dfrac{1}{100} \times \dfrac{1}{100}}{\dfrac{1}{5}} = \dfrac{1}{10{,}000}$

1億人いるとしますと、この病気にかかる人は2千万人、全員がこのAIに診断されたとすると、その1万分の1である2千人がかかっていないと診断されることになります。同様に、この病気にかかっていない人も、8千人がかかっていると診断されることになります。

　また、99%を2回ですから、もしかしたら、人間の医師の診断以上に正確なのかもしれません。この問題を理解した上で、今後の人間社会へのAIの導入についてどう考えますか？

　医療とAIを絡めた問題としてみました。確率を学ぶことが、皆さんの世界を観る眼を見直す契機となればと思います。

　条件付き確率を復習し、その意味を理解していただけたでしょうか。

第４章の振り返り

　第２章、第３章からの発展問題、そして融合問題（別の節で扱った複数の知識を必要とする問題）を解く中で、「Seamless」（日本語で「Seam は縫い目」、「～ less は～がない」）な知識が得られましたか？数学が得意な方は、場合の数と確率、二項定理、統計学、・・・と、高校数学全体が「Seamless」になることを目指してください。さらに、数学の学びが○○に、○○の学びが数学に、とあらゆる場での学びが「Seamless」に繋がると最高です！

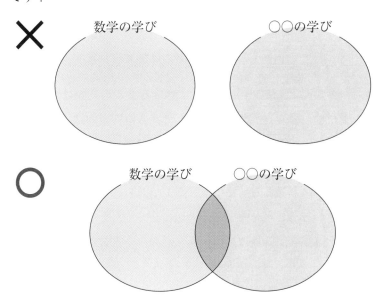

第5章 思考力を鍛える問題

　東京大学と京都大学の入試問題は、解答時間が1問当たり約25分の難問ではありますが良問です。本書では、その中で、問題の条件設定が複雑でなく、思考力を鍛えるために最適な問題をセレクトしました。先入観を持って取り組んでいただきたくないこともあり、難易度はランダムに、年度順（最初の問題と、最後の問題を除く）に並べました。

　読者の皆さんには、すぐに読み進めても、思考力が鍛えられるように配慮したつもりではありますが、

「考えているその瞬間に思考力は鍛えられます！」

ので、少なくとも10分、できれば解けるまで考え続けてください。または、最も自然かつ素朴だと考える解答（知識は各自異なりますから、私の主観ですが・・・）に向けて、本章でも分問に分解しておりますので、それらを解きながら読み進めてください。

　皆さんが私と異なる解法で取り組んでおられることは喜ばしいことですので、ご自身の思考を大切にしてください。もし最終的な解答と値が異なる場合には、もれがある、重複がある等が考えられますので、それを修正（Fix）することが最高の思考力の訓練になります。

　思考は「既知と未知の架け橋」です！これまでに体系化してきました知識をフル活用して、未知を解決しましょう。

それでは、これまで通り筆記用具と紙を準備して、東京大学と京都大学の入試問題に挑戦していきましょう！

問題 1　2007 京都大学理系前期

　1 歩で 1 段または 2 段のいずれかで階段を昇るとき、1 歩で 2 段昇ることは連続しないものとする。15 段の階段を昇る昇り方は何通りあるか。

問題 2　1957 東京大学 2 次

　右の図のように碁盤の目の形に並んでいる 20 個の点から、同一直線上にない 3 個の点を選んで、それらを頂点とする三角形を作る。全部でいくつの三角形ができるか。

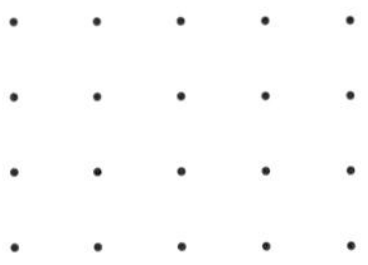

問題 3　1981 東京大学文科後期

　A が 100 円硬貨を 4 枚、B が 50 円硬貨を 3 枚投げ、硬貨の表が出た枚数の多い方を勝ちとし、同じ枚数のときは引き分けとする。硬貨の表、裏の出る確率はすべて $\frac{1}{2}$ であるものとする。

(1) A の勝つ確率、B の勝つ確率、引き分けの確率を求めよ。

(2) もし、勝った方が相手の投げた硬貨を全部もらえるとしたら、A と B とどちらが有利か。

問題 4 1987 京都大学文系

　互いに同形のガラス玉 g 個と、互いに同形のダイヤモンド d 個と、表裏のあるペンダント 1 個とを、まるくつないでネックレス状のものを作る。ただし、ペンダントの両隣はダイヤモンドにする。($d \geqq 2$、$g \geqq 1$)

(1) 何通りの作り方があるか。

(2) どの 2 個のダイヤモンドも隣り合わないことにしたら、何通りの作り方があるか。

問題 5 1990 京都大学文系後期

　15 本のくじの中に当たりくじが 2 本ある。A、B、C の 3 人が次のようにしてこのくじをひく。まず A が 5 本まで順にひき、k 本目 ($1 \leqq k \leqq 5$) に当たりくじをひいたら、ひくのをやめて、残ったくじから $5-k$ 本のはずれくじを取り除く。次に B が残り 10 本の中から 5 本まで順にひいて、k 本目に当たったら、ひくのをやめて、$5-k$ 本のはずれくじを取り除く。C は残る 5 本の中に当たりくじがあれば当たりとなる。A、B、C が当たりくじをひく確率 P_A、P_B、P_C を求めよ。

問題 6 1993 京都大学理系後期

　$n \geqq 3$ とする。1、2、・・・、n のうちから重複を許して 6 個の数字をえらびそれを並べた順列を考える。このような順列のうちで、どの数字もそれ以外の 5 つの数字のどれかに等しくなっているようなものの個数を求めよ。

問題7　1994 京都大学文理共通後期

　3人の選手 A、B、C が次の方式で優勝を争う。まず、A と B が対戦する。そのあとは、1 つの対戦が終わると、その勝者と休んでいた選手が勝負をする。このようにして対戦をくり返し、先に 2 勝した選手を優勝者とする。（2 連勝でなくてもよい。）各回の勝負で引き分けはなく、A と B は互角の力量であるが、C が A、B に勝つ確率はともに p である。

(1) 2 回の対戦で優勝者が決まる確率を求めよ。

(2) ちょうど 4 回目の対戦で優勝者が決まる確率を求めよ。

(3) A、B、C の優勝する確率が等しくなるような p の値を求めよ。

問題8　1996 東京大学理科後期

　n を正の整数とし、n 個のボールを 3 つの箱に分けて入れる問題を考える。ただし、1 個のボールも入らない箱があってもよいものとする。以下に述べる 4 つの場合について、それぞれ相異なる入れ方の総数を求めたい。

(1) 1 から n まで異なる番号のついた n 個のボールを、A、B、C と区別された 3 つの箱に入れる場合、その入れ方は全部で何通りあるか。

(2) 互に区別のつかない n 個のボールを、A、B、C と区別された 3 つの箱に入れる場合、その入れ方は全部で何通りあるか。

（3）1からnまで異なる番号のついたn個のボールを、区別のつかない3つの箱に入れる場合、その入れ方は全部で何通りあるか。

（4）nが6の倍数$6m$であるとき、n個の互に区別のつかないボールを、区別のつかない3つの箱に入れる場合、その入れ方は全部で何通りあるか。

問題9 2003 京都大学理系後期

7つの文字を並べた列$a_1a_2a_3a_4a_5a_6a_7$で、次の3つの条件をみたすものの総数を求めよ。

（ⅰ）a_1、a_2、a_3、a_4、a_5、a_6、a_7はA、B、C、D、E、Fのいずれかである

（ⅱ）$i=1$、2、$\cdots$、6に対し、a_iとa_{i+1}は相異なる

（ⅲ）$i=1$、2、$\cdots$、6に対し、a_iとa_{i+1}は下図において線分で結ばれている

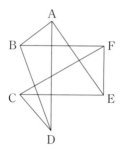

問題 10　2005 京都大学文系後期

　xy 平面上に $x=k$（k は整数）または $y=\ell$（ℓ は整数）で定義される碁盤の目のような街路がある。4 点 $(2, 2)$、$(2, 4)$、$(4, 2)$、$(4, 4)$ に障害物があって通れないとき、$(0, 0)$ と $(5, 5)$ を結ぶ最短経路は何通りあるか。

問題 11　2006 京都大学理系後期

　さいころを n 個同時に投げるとき、出た目の数の和が $n+3$ になる確率を求めよ。

問題 12　2008 京都大学理系前期

　正四面体 ABCD を考える。点 P は時刻 0 では頂点 A に位置し、1 秒ごとにある頂点から他の頂点のいずれかに、等しい確率で動くとする。このとき、時刻 0 から時刻 n までの間に、4 頂点 A、B、C、D のすべてに点 P が現れる確率を求めよ。ただし n は 1 以上の整数とする。

問題 13　2017 東京大学理科前期

　座標平面上で x 座標と y 座標がいずれも整数である点を格子点という。格子点上を次の規則に従って動く点 P を考える。

　（a）最初に、点 P は原点 O にある。

　（b）ある時刻で点 P が格子点 (m, n) にあるとき、その 1 秒後の点 P の位置は、隣接する格子点 $(m+1, n)$、$(m, n+1)$、

$(m-1, n)$、$(m, n-1)$のいずれかであり、また、これらの点に移動する確率は、それぞれ $\dfrac{1}{4}$ である。

(1) 点 P が、最初から 6 秒後に直線 $y=x$ 上にある確率を求めよ。

(2) 点 P が、最初から 6 秒後に原点 O にある確率を求めよ。

問題 14 1999 東京大学理科前期

p を $0<p<1$ を満たす実数とする。

(1) 四面体 ABCD の各辺はそれぞれ確率 p で電流を通すものとする。このとき、頂点 A から B に電流が流れる確率を求めよ。ただし、各辺が電流を流すか流さないかは独立で辺以外は電流を流さないものとする。

(2) (1) で考えたような 2 つの四面体 ABCD と EFGH を図のように頂点 A と E でつないだとき、頂点 B から F に電流が流れる確率を求めよ。

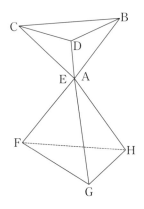

問題1 2007 京都大学理系前期

> 　1歩で1段または2段のいずれかで階段を昇るとき、1歩で2段昇ることは連続しないものとする。15段の階段を昇る昇り方は何通りあるか。

どこかで見たような問題ですが、解いていきましょう！

まずは、問題文の「1歩で2段昇ることは連続しないものとする」を無視して考え始めてみましょう。

分問

> 　1歩で1段または2段のいずれかで階段を昇るとき、15段の階段を昇る昇り方は何通りありますか。

正に本書内ですでに見たことがある問題ですね！ 40ページで、第1章内の思考についての解説の例として挙げた問題です。

n 段の階段を昇る昇り方が a_n 通りあるとします。このとき、$n+2$ 段の階段を昇る昇り方の数 a_{n+2} 通りは、$n+1$ 段目から1段昇る昇り方の a_{n+1} 通りと、n 段目から1歩で2段昇る昇り方の a_n 通りを加え、$a_{n+2}=a_{n+1}+a_n$ が成り立つということから求めましたね。

ちなみに、答えは987通りでした。

分問を基にして、本問を解きましょう。

分問の発想では解けそうにありませんね・・・。なぜなら、

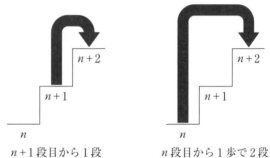

$n+1$段目から1段 n段目から1歩で2段

と分けて考え、足し算をすると考えますと、「1歩で2段昇ることは連続しない」というルールから、下のパターンにおいて、$n-2$段目から1歩で2段昇ってn段目に到達するときは、続けて1歩で2段昇り$n+2$段目に到達することはできませんよね。

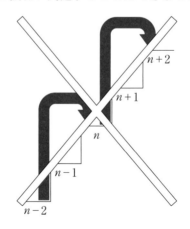

分問3

43ページで導いた等式 $a_{n+2} = a_{n+1} + a_n$ の「$n+2$ 段の階段を昇る昇り方の a_{n+2} 通りは、$n+1$ 段目から1段昇る昇り方の a_{n+1} 通りと、n 段目から1歩で2段昇る昇り方の a_n 通りの和」を、本問で利用できるようにアレンジしてください。

同じ等式を、異なる角度から見る、まさに多角思考ですね。

最後の昇り方ではなく、「最初にどのように昇るか」を考えます。つまり、

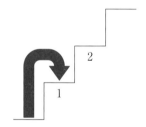 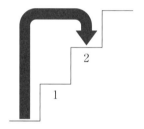

1段昇って、残り $n+1$ 段　　　　　1歩で2段昇って、残り n 段

と考え、「$n+2$ 段昇る昇り方」＝「1段昇って、残り $n+1$ 段昇る昇り方」＋「1歩で2段昇って、残り n 段昇る昇り方」とアレンジして、$a_{n+2} = a_{n+1} + a_n$ と考えます。

実は、ここまでの内容は、フィボナッチ数列という有名な数列の題材として扱われており、高校の教科書にもありますから、ここまでの内容の知識がある前提で、思考力を問う出題をしているのかもしれません。

本問'

　分問3を基にして、本問を解きましょう。

　分問3で、最初の1歩が1段か2段かで分けて考えました。これに、「1歩で2段昇ることは連続しない」というルールを追加するとどうなるでしょうか?

　最初に1段昇ったら? 最初に2段昇ったら?

　最初に1段昇ったら、次は自由です。
　最初に2段昇ったら、次は必ず1段しか昇らず、その次は自由です。

　ということで、$n+3$ 段昇る昇り方を、

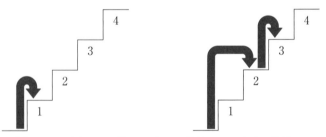

1段昇って、残り $n+2$ 段　　1歩で2段昇って、次は1段昇って、残り n 段

と分けて考えますと、$\underline{a_{n+3}=a_{n+2}+a_n}$ です!

　$n=1$ のとき、$a_4=\underline{a_{1+3}=a_{1+2}+a_1}=a_3+a_1$ なので、a_1 と a_2 と a_3

194

を地道に求めて、あとは足し算をしていけば良いですね。

1 段の階段を昇る昇り方は、下図の 1 通りです。

2 段の階段を昇る昇り方は、下図の 2 通りです。

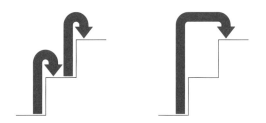

3 段の階段を昇る昇り方は、下図の 3 通りです。

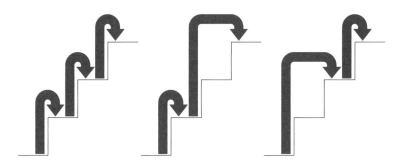

4 段の階段を昇る昇り方は、$a_4 = a_{1+3} = a_{1+2} + a_1 = a_3 + a_1$

$$= 3 + 1 = 4 \text{（通り）}$$

5 段の階段を昇る昇り方は、$a_5 = a_{2+3} = a_{2+2} + a_2 = a_4 + a_2$
$$= 4 + 2 = 6 \text{（通り）}$$

あとは、$a_{n+3} = a_{n+2} + a_n$ を繰り返し用いて、

6 段の階段を昇る昇り方は、　　6＋　　3＝　　　9（通り）

7 段の階段を昇る昇り方は、　　9＋　　4＝　　13（通り）

8 段の階段を昇る昇り方は、　　13＋　　6＝　　19（通り）

9 段の階段を昇る昇り方は、　　19＋　　9＝　　28（通り）

10 段の階段を昇る昇り方は、　28＋　13＝　　41（通り）

11 段の階段を昇る昇り方は、　41＋　19＝　　60（通り）

12 段の階段を昇る昇り方は、　60＋　28＝　　88（通り）

13 段の階段を昇る昇り方は、　88＋　41＝　129（通り）

14 段の階段を昇る昇り方は、129＋　60＝　189（通り）

15 段の階段を昇る昇り方は、189＋　88＝　277（通り）

振り返り

　知識を活用して、「持っている知識」と「解決したい問題」の両者を双方向から思考して、その間を埋めながら解決する流れが掴めましたか？最低限の知識を基に複眼的に思考することを、本章の問題を通して身につけていきましょう！

問題2　1957 東京大学2次

　右の図のように碁盤の目の形に並んでい
る20個の点から、同一直線上にない3個
の点を選んで、それらを頂点とする三角形
を作る。全部でいくつの三角形ができるか。

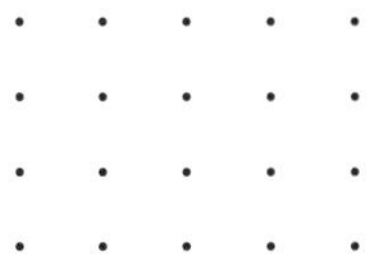

解答

　144ページと同じように考えるだけですね！

　20個の点から3個の点を選び、それらを結べば自動的に三角
形ができますから

$$_{20}C_3 = 1140 \ (個)$$

と、一筋縄では解けません。これがなぜ誤答なのか分かりますか？

　問題文の「同一直線上にない」がポイントですね。

分問

　この1140通りの3点の選び方のうち、3点が同一直線上
にあり、結んで三角形ができない場合を挙げてください。

これらのような縦、横、斜めの3通りがありますね！

さらに、同じ斜めではありますが、下図のように傾き具合が異なる場合があることにも気付きましたか？自分の直感を過信せず、色々と確認することが大切です！

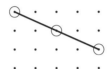

分問2

三角形ができないパターン数を求めてみましょう。

● 縦の場合

縦に並ぶ4点ずつの5列から1列を選び、その各々に対して、縦に並ぶ4個の点から3点の選び方がありますので、

$$5 \times {}_4C_3 = 20 \text{（通り）}$$

● 横の場合

横に並ぶ5点ずつの4行から1行を選び、その各々に対して、横に並ぶ5個の点から3点の選び方がありますので、

$$4 \times {}_5C_3 = 40 \text{（通り）}$$

●斜めの場合①

　上図の右下がりの場合の他に、右上がりの場合がありますので、後で 2 倍します。

　左の、斜めの 3 点から 3 点を選ぶ場合は　2 通り

　右の、斜めの 4 点から 3 点を選ぶ場合は　$2 \times {}_4C_3$ 通り

　よって、　　　　　　$(2 + 2 \times {}_4C_3) \times 2 = 20$（通り）

●斜めの場合②

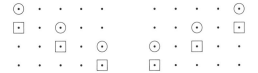

上図の 4 通りです。

したがって、三角形ができない場合は、$20 + 40 + 20 + 4 = 84$（通り）

本問'

　分問を基にして、本問を解きましょう。

ここまで求めてあれば、**基本 2「余分に数えて引く」**、を使っ

て、1140 個から三角形ができないパターン数 84 を引けばよいで
すね！

$$1140 - 84 = 1056 \text{（個）}$$

振り返り

　安易に 143 ページの問題と似ていることに惑わされず、例
外を全て把握することができましたか？自分を批判的、客観
的に眺める「複眼的思考」が必要だったということですね！

　思考力を鍛えるには、知識の量で勝負するのではなく、直
感と論理を組み合わせて、一歩ずつ問題の解決に近づく姿勢
が大切です。「塵も積もれば山となる」です！

問題3　1981 東京大学文科後期

　A が 100 円硬貨を 4 枚、B が 50 円硬貨を 3 枚投げ、硬貨
の表が出た枚数の多い方を勝ちとし、同じ枚数のときは引き
分けとする。硬貨の表、裏の出る確率はすべて $\dfrac{1}{2}$ であるも
のとする。

(1) A の勝つ確率、B の勝つ確率、引き分けの確率を求めよ。

(2) もし、勝った方が相手の投げた硬貨を全部もらえるとし
　　たら、A と B とどちらが有利か。

　(1) を見て闇雲に、A の勝つ確率、B の勝つ確率、引き分けの
確率の順に求め始める前に、微積思考です。俯瞰して問題を見

て、ご自分で次の分問に分解できましたか？

(1)分問

　　A の勝つ確率、B の勝つ確率、引き分けの確率を、計算が楽な順に並べてください。

　硬貨の表が出た枚数の多い方を勝ちとし、同じ枚数のときは引き分けとする設定であることを頭に入れておきましょう。また、硬貨の表、裏の出る確率はすべて $\frac{1}{2}$ であるものとしますので、A と B は独立ですから、それぞれの確率の積で求められますね。

　A の勝つ場合は、A が投げた硬貨の表が 4 枚、3 枚、2 枚、1 枚の場合があるうえ、B が投げた硬貨の表の枚数が複数パターンありますね・・・。

　B の勝つ場合は、基本的には A と同様ですが、B は 50 円硬貨を 3 枚しか投げませんので、B が投げた硬貨の表が 3 枚、2 枚、1 枚の場合のみで、A の勝つ場合よりは楽そうですね。

　引き分けの場合は、A と B が投げた硬貨の表が、共に 3 枚、2 枚、1 枚、0 枚の場合に限られます。

　よって、計算が楽な順は、引き分けの確率、B の勝つ確率、A の勝つ確率と見通せます。

　この順に求めていきましょう！

引き分けの確率、B の勝つ確率、A の勝つ確率を求めましょう。

●引き分けの確率

① A と B が投げた硬貨の表が、共に 3 枚

② A と B が投げた硬貨の表が、共に 2 枚

③ A と B が投げた硬貨の表が、共に 1 枚

④ A と B が投げた硬貨の表が、共に 0 枚

ですので、それぞれの確率を求めていきましょう。

① $_4C_3\left(\dfrac{1}{2}\right)^3 \cdot \dfrac{1}{2} \times \left(\dfrac{1}{2}\right)^3 = \dfrac{1}{32}$

② $_4C_2\left(\dfrac{1}{2}\right)^2\left(\dfrac{1}{2}\right)^2 \times {}_3C_2\left(\dfrac{1}{2}\right)^2 \cdot \dfrac{1}{2} = \dfrac{9}{64}$

③ $_4C_1 \cdot \dfrac{1}{2}\left(\dfrac{1}{2}\right)^3 \times {}_3C_1 \cdot \dfrac{1}{2}\left(\dfrac{1}{2}\right)^2 = \dfrac{3}{32}$

④ $\left(\dfrac{1}{2}\right)^4 \times \left(\dfrac{1}{2}\right)^3 = \dfrac{1}{128}$

①～④は互いに排反ですので、引き分けの確率は

$$\dfrac{1}{32} + \dfrac{9}{64} + \dfrac{3}{32} + \dfrac{1}{128} = \dfrac{35}{128}$$

● B の勝つ確率

① B が 3 枚の硬貨で表が出て、A が 2 枚以下の硬貨で表が出る

② B が 2 枚の硬貨で表が出て、A が 1 枚以下の硬貨で表が出る

③ B が 1 枚の硬貨で表が出て、A が全ての硬貨で裏が出る

ですので、それぞれの確率を求めていきましょう。

① A が 2 枚以下の硬貨で表が出る事象は、「全ての硬貨で表が出る事象と 3 枚の硬貨で表が出る事象」の余事象と考えると計算ミスが減ると思います。

$$\left(\frac{1}{2}\right)^3 \times \left[1 - \left\{ \left(\frac{1}{2}\right)^4 + {}_4\mathrm{C}_3 \left(\frac{1}{2}\right)^3 \cdot \frac{1}{2} \right\} \right] = \frac{11}{128}$$

② $\displaystyle {}_3\mathrm{C}_2 \left(\frac{1}{2}\right)^2 \cdot \frac{1}{2} \times \left\{ {}_4\mathrm{C}_1 \cdot \frac{1}{2} \left(\frac{1}{2}\right)^3 + \left(\frac{1}{2}\right)^4 \right\} = \frac{15}{128}$

③ $\displaystyle {}_3\mathrm{C}_1 \cdot \frac{1}{2} \left(\frac{1}{2}\right)^2 \times \left(\frac{1}{2}\right)^4 = \frac{3}{128}$

①〜③は互いに排反ですので、B の勝つ確率は

$$\frac{11}{128} + \frac{15}{128} + \frac{3}{128} = \frac{29}{128}$$

● A の勝つ確率

　A が勝つ、または、B が勝つ、または、引き分けのいずれかが起こりますから、これら 3 つの確率の和は 1 です。すでに、引き分けの確率と B の勝つ確率は求めてありますので、A の勝つ確率は、

$$1 - \left(\frac{35}{128} + \frac{29}{128} \right) = \frac{1}{2}$$

　もちろん、直接 A の勝つ確率を求めることもできます。

　① A が 4 枚の硬貨で表が出る

　② A が 3 枚の硬貨で表が出て、B が 2 枚以下の硬貨で表が出る

③ A が 2 枚の硬貨で表が出て、B が 1 枚以下の硬貨で表が出る

④ A が 1 枚の硬貨で表が出て、B が全ての硬貨で裏が出る

ですので、それぞれの確率を求めていきましょう。

① $\left(\dfrac{1}{2}\right)^4 = \dfrac{1}{16}$

② B が 2 枚以下の硬貨で表が出る事象は、全ての硬貨で表が出る事象の余事象と考えると計算ミスが減ると思います。

$$_4C_3\left(\dfrac{1}{2}\right)^3 \cdot \dfrac{1}{2} \times \left\{1 - \left(\dfrac{1}{2}\right)^3\right\} = \dfrac{7}{32}$$

③ $_4C_2\left(\dfrac{1}{2}\right)^2\left(\dfrac{1}{2}\right)^2 \times \left\{_3C_1 \cdot \dfrac{1}{2}\left(\dfrac{1}{2}\right)^2 + \left(\dfrac{1}{2}\right)^3\right\} = \dfrac{3}{16}$

④ $_4C_1 \cdot \dfrac{1}{2}\left(\dfrac{1}{2}\right)^3 \times \left(\dfrac{1}{2}\right)^3 = \dfrac{1}{32}$

①〜④は互いに排反ですので、A の勝つ確率は

$$\dfrac{1}{16} + \dfrac{7}{32} + \dfrac{3}{16} + \dfrac{1}{32} = \dfrac{1}{2}$$

((2)直感)

直感的に、A と B のどちらが有利ですか？

直感が正しいか、論理の力を使って確認していきましょう！その前に、次のように改題すると、どちらが有利でしょうか？

((2)改題)

A が 50 円硬貨を 4 枚、B が 100 円硬貨を 3 枚投げる、と投げる硬貨の金額を入れ替えると、A と B のどちらが有利ですか？

（1）から A の勝つ確率は $\frac{1}{2}$（B の勝つ確率は $\frac{29}{128}$）、A が勝ったときは 100 円×3 枚の 300 円（B が勝ったときは、50 円×4 枚の 200 円）がもらえるわけですから、しっかり計算するまでもなく、A が有利と分かりますよね！

　もちろん本問は、勝つ確率は大きいがもらえる金額が小さい A と、その逆の、勝つ確率は小さいがもらえる金額が大きい B の戦いですから、論理の力が必要になります。

（2）解答

　A または B のもらえる金額の期待値を求めれば良いですね！
A のもらえる金額の期待値を求めるための表は下のようになります。

金額	150	0	-400	計
確率	$\frac{1}{2}$	$\frac{35}{128}$	$\frac{29}{128}$	1

よって、A のもらえる金額の期待値は、

$$150 \times \frac{1}{2} + 0 \times \frac{35}{128} + (-400) \times \frac{29}{128}$$

$$= 75 + 0 - \frac{725}{8}$$

$$= -\frac{125}{8}$$

したがって、A は平均して $\frac{125}{8}$ 円支払うことになるので、B が有利。

　検算として、B のもらえる金額の期待値も求めてみましょう。

同様の表は下のようになります。

金額	400	0	−150	計
確率	$\dfrac{29}{128}$	$\dfrac{35}{128}$	$\dfrac{1}{2}$	1

Ａの場合と、金額の符号が異なるだけですから、もちろん、$(+)\dfrac{125}{8}$ 円となります。

振り返り

確率の加法定理、独立な試行の確率、反復試行の確率、期待値、及び解法次第では余事象の確率が必要になりましたが、基礎事項と思考力で解くことができました！

直感だけに頼ることなく、論理ばかりに頼ることなく、直感と論理の両面から、複眼的でバランス感覚のある思考をしましょう。

問題4 1987 京都大学文系

互いに同形のガラス玉 g 個と、互いに同形のダイヤモンド d 個と、表裏のあるペンダント1個とを、まるくつないでネックレス状のものを作る。ただし、ペンダントの両隣はダイヤモンドにする。$(d \geqq 2、g \geqq 1)$

(1) 何通りの作り方があるか。

(2) どの2個のダイヤモンドも隣り合わないことにしたら、何通りの作り方があるか。

(1)分問

　$d=2$、$g=1$ のとき、ネックレス状のものを1つ作ってみましょう。

いくつか作ってみます！

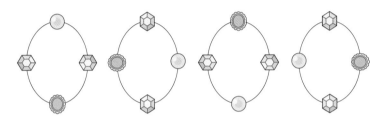

　これらは、回転すると同じネックレス状のものになりますよね！よって、1通りしかありません。

　ネックレス状のものを作りますので、回転させて同じものになる場合がいくつも出ますので注意が必要ですね。ちなみに、今回は裏返して同じになる場合はありますか？

　ありませんね！「表裏のあるペンダント1個」ですから、裏返すと同じにはなりませんね。

　回転させて同じになることがある場合、どのような考え方が有効でしたか？

　そうです！1つ固定する（基本1「同じパターン数の数え易いものを数える」）、または、**基本3「同じものと数えるパターン数で割る」**、の2つの考え方が有効でした。

それでは、今回はどちらでいきましょう？

g、d という文字が入っていて、同じものと数えるパターン数が数えづらそうですから、**1つ固定する**ことにしましょう！

(1)分問2

1つ固定することにしましたが、どれを固定すると良いでしょうか？

もちろん、表裏のあるペンダント1個ですよね！これを固定するとしますと、「ペンダントの両隣はダイヤモンドにする」というルールから、自動的に隣のダイヤモンドまで固定されます。

では、ペンダントはどこに固定しましょうか？ネックレス状のものですから、ペンダントは胸元に欲しいので、下に固定します！

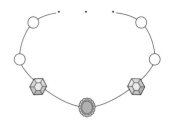

(1)解答

固定した3つを除きますと、残りはダイヤモンド $d-2$ 個、ガラス玉 g 個ですから、これらを並べれば良いですね。互いに同形

208

のガラス玉とダイヤモンドですから、同じものを含む順列を使って、

$$\frac{(d-2+g)!}{(d-2)!g!}\ 通り$$

　求まりましたら、せっかく分問で実験しましたので、検算をしましょう。ただし、0! = 1 です。

　$d = 2$、$g = 1$ のとき、　$\dfrac{(2-2+1)!}{(2-2)!1!} = \dfrac{1!}{0!1!} = 1$

実験の通り、1 通りになりましたね！

それでは、（2）にいきましょう。

(2)分問

　以下の各場合において、どの 2 個のダイヤモンドも隣り合わない作り方を 1 つずつ挙げてください。ただし、表裏のあるペンダントと、その両隣のダイヤモンドは下に固定してください。

$d = 2$、$g = 1$ のとき　　$d = 2$、$g = 2$ のとき

$d = 3$、$g = 1$ のとき　　$d = 3$、$g = 2$ のとき

$d = 3$、$g = 3$ のとき

$d = 2$、$g = 1$ のとき　（1）分問で扱いましたよね。

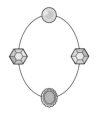

$d = 2$、$g = 2$ のとき

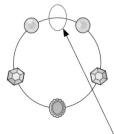

　後は、どれだけガラス玉が増えても、ここに入れていけば良い
ですね。

$d = 3$、$g = 1$ のとき

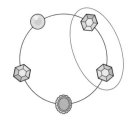

　ガラス玉に対してダイヤモンドが多過ぎて、隣り合ってしまい
ますね・・・。どの2個のダイヤモンドも隣り合わないために
は、何らかの条件がありそうですね。

$d=3$、$g=2$ のとき

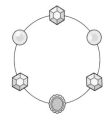

$d=3$、$g=3$ のとき

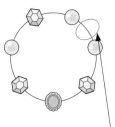

　後は、どれだけガラス玉が増えても、ここに入れていけば良い
ですね。

(2)解答

　(1) と同様に、表裏のあるペンダントと、その両隣のダイヤモ
ンドを固定します。どの2個のダイヤモンドも隣り合わないこと
にするには、どのように工夫しましょうか？

　140ページで扱ったように、先にガラス玉を並べ、その間また
は両端にダイヤモンドを並べれば良いですね。

　ということで、答えはすでにダイヤモンドを2個固定している
ことに注意すると、

$$g! \times {}_{g+1}\mathrm{P}_{d-2}$$

これに間違いがあるのは、大丈夫ですか？それでは、こう直しましょう！

$$_{g+1}\mathrm{P}_{d-2}$$

なぜ、このように直しましたか？

互いに同形のガラス玉なので、区別がないからですね！

まだ、これにも間違いがあるのは大丈夫ですか？それでは、さらにこう直しましょう！

$$_{g+1}\mathrm{C}_{d-2}$$

なぜ、このように直しましたか？

互いに同形のダイヤモンドなので、$d-2$個を並べるパターン数ではなく、$d-2$ヶ所の場所を選ぶのみで、あとは自動的にダイヤモンドを並べれば良いですね！

まだ、これにも間違いがあるのは大丈夫ですか？はい、正解はこれです！

$$_{g-1}\mathrm{C}_{d-2}$$

なぜ、このように直しましたか？

先にガラス玉を並べ（同形なので1通りです）、その間または両端にダイヤモンドを並べると考えましたが、ガラス玉の両端にダイヤモンドを並べるとどうなりますか？

　表裏のあるペンダントと、その両隣のダイヤモンドを固定しましたので、その固定されたダイヤモンドと隣り合ってしまいますね！

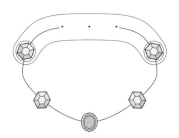

　ということで、ダイヤモンドは、先に並べたガラス玉の「間」の $g-1$ ヶ所から $d-2$ ヶ所を選んで並べないといけませんから、答えは、

$$_{g-1}\mathrm{C}_{d-2} = \frac{(g-1)!}{(d-2)!\,\{g-1-(d-2)\}!}$$
$$= \frac{(g-1)!}{(d-2)!\,(g-d+1)!} \quad (\text{通り})$$

で終わってはいけませんね！

　(2) 分問で気付きました、ガラス玉に対してダイヤモンドが多過ぎると、ダイヤモンドが隣り合ってしまうことを頭に入れながら考えられましたか？複眼的思考ですね！

　ということで、「固定されていないダイヤモンドの個数」が「ガラス玉の間の個数」以下でないといけませんから、

$d-2 \leqq g-1$ すなわち $d \leqq g+1$ でないと、どの 2 個のダイヤモンドも隣り合わない作り方はありません。

やっと、完璧な解答です。

$$d \leqq g+1 \text{ のとき } \quad \frac{(g-1)!}{(d-2)!(g-d+1)!} \text{ 通り}$$
$$d > g+1 \text{ のとき } \quad 0 \text{ 通り}$$

振り返り

　g 個と d 個と 2 つの文字が入っていましたが、一般化を意識しながら具体例を考えるという、「具体から一般」という複眼的思考ができましたか？また、細部に集中するあまり、例外を見落とし、「木を見て森を見ず」とならない思考が大切です。

問題5 1990 京都大学文系後期

　15 本のくじの中に当たりくじが 2 本ある。A、B、C の 3 人が次のようにしてこのくじをひく。まず A が 5 本まで順にひき、k 本目（$1 \leqq k \leqq 5$）に当たりくじをひいたら、ひくのをやめて、残ったくじから $5-k$ 本のはずれくじを取り除く。次に B が残り 10 本の中から 5 本まで順にひいて、k 本目に当たったら、ひくのをやめて、$5-k$ 本のはずれくじを取り除く。C は残る 5 本の中に当たりくじがあれば当たりとなる。A、B、C が当たりくじをひく確率 P_A、P_B、P_C を求めよ。

分問

　A、B、C が当たりくじをひく確率 P_A、P_B、P_C の中で、どれが一番大きいでしょうか？また、これらをどの順番で求めますか。

　直感的に A、B、C のうちで誰が有利でしょうか？

　闇雲に解き出すのではなく、微積思考でまず全体像を掴むことが大切です。今回は、この P_A、P_B、P_C の順番でそのまま時系列に解けば良いですね。

　それでは、直感を大切にしながらも、論理的思考の力で、誰が有利かを明らかにしていきましょう！

解答

　まず、A が当たりくじをひく確率 P_A を求めましょう。

　当たりくじをひいたら、ひくのをやめることを考慮しますと、最高でも 1 本しか当たりくじはひきません。

① 1 本目に当たりくじをひく確率は　$\dfrac{2}{15}$

② 2 本目に当たりくじをひく確率は　$\dfrac{13}{15} \times \dfrac{2}{14}$

③ 3 本目に当たりくじをひく確率は　$\dfrac{13}{15} \times \dfrac{12}{14} \times \dfrac{2}{13}$

④ 4 本目に当たりくじをひく確率は　$\dfrac{13}{15} \times \dfrac{12}{14} \times \dfrac{11}{13} \times \dfrac{2}{12}$

⑤ 5 本目に当たりくじをひく確率は　$\dfrac{13}{15} \times \dfrac{12}{14} \times \dfrac{11}{13} \times \dfrac{10}{12} \times \dfrac{2}{11}$

　これらの事象は互いに排反ですので、確率の加法定理により、

求める確率 P_A は、

$$\frac{2}{15} + \frac{13}{15} \times \frac{2}{14} + \frac{13}{15} \times \frac{12}{14} \times \frac{2}{13}$$

$$+ \frac{13}{15} \times \frac{12}{14} \times \frac{11}{13} \times \frac{2}{12} + \frac{13}{15} \times \frac{12}{14} \times \frac{11}{13} \times \frac{10}{12} \times \frac{2}{11}$$

$$= \frac{4}{7}$$

としても良いですが、余事象の確率で攻めると良いですね！1から A が当たりくじをひかない確率を引けばよいですから、求める確率 P_A は、

$$1 - \frac{13}{15} \times \frac{12}{14} \times \frac{11}{13} \times \frac{10}{12} \times \frac{9}{11} = \frac{4}{7}$$

　続いて、B が当たりくじをひく確率 P_B を求めましょう。

　A がひき終わった時点で、まだ当たりくじが2本とも残っているか、1本になっているかで場合分けをする必要がありますね。ベン図で示しますと、下図のようになります。

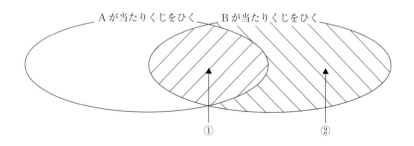

① A が当たりくじをひき、B が当たりくじをひく

　P_A と同様に、余事象の確率を使って、楽に求められますね。

$$\frac{4}{7} \times \left(1 - \frac{9}{10} \times \frac{8}{9} \times \frac{7}{8} \times \frac{6}{7} \times \frac{5}{6}\right) = \frac{2}{7}$$

　↑　　　　　　　　↑

　P_A　　　B が当たりくじをひかない

② A が当たりくじをひかず、B が当たりくじをひく

$$\frac{3}{7} \times \left(1 - \frac{8}{10} \times \frac{7}{9} \times \frac{6}{8} \times \frac{5}{7} \times \frac{4}{6}\right) = \frac{1}{3}$$

　↑　　　　　　　　↑

　$1-P_A$　　B が当たりくじをひかない

①、②は互いに排反ですので、求める確率 P_B は、

$$\frac{2}{7} + \frac{1}{3} = \frac{13}{21}$$

　最後に、C が当たりくじをひく確率 P_C を求めましょう。
「C が当たりくじをひく確率」と「C が当たりくじをひかない確率」のどちらが簡単に求まりますか？

　当たりくじをひくことを○、ひかないことを×とします。2 本しか当たりくじがないことに注意しますと次のページの表のようになりますので、「C が当たりくじをひかない確率」ですよね！

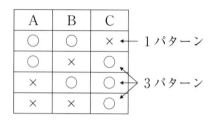

A	B	C
○	○	×	← 1パターン
○	×	○	
×	○	○	← 3パターン
×	×	○	

ですが、まずは面倒だと思われる「Cが当たりくじをひく確率」を直接求める解法から解説します。A、B、Cが当たりくじをひく事象の関係をベン図で視覚化しますと、どのようになりますか?

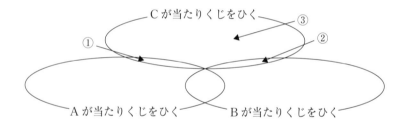

繰り返しになりますが、「Aが当たりくじをひく、かつ、Bが当たりくじをひく、かつ、Cが当たりくじをひく」は起こりえないことがポイントです!

ということで、3パターンに場合分けをします。問題文に「Cは残る5本の中に当たりくじがあれば当たりとなる」とあることに注意します。

① <u>A が当たりくじをひき</u>、<u>B が当たりくじをひかず</u>、<u>C が当たり</u>
くじをひく

$$\frac{4}{7} \times \left(\frac{9}{10} \times \frac{8}{9} \times \frac{7}{8} \times \frac{6}{7} \times \frac{5}{6} \right) = \frac{2}{7}$$

② <u>A が当たりくじをひかず</u>、<u>B が当たりくじをひき</u>、<u>C が当たり</u>
くじをひく

これは P_B を求めたときの②ですね。

$$\frac{3}{7} \times \left(1 - \frac{8}{10} \times \frac{7}{9} \times \frac{6}{8} \times \frac{5}{7} \times \frac{4}{6} \right) = \frac{1}{3}$$

③ <u>A が当たりくじをひかず</u>、<u>B が当たりくじをひかず</u>、<u>C が当た</u>
りくじをひく

$$\frac{3}{7} \times \left(\frac{8}{10} \times \frac{7}{9} \times \frac{6}{8} \times \frac{5}{7} \times \frac{4}{6} \right) = \frac{2}{21}$$

①〜③は互いに排反ですので、求める確率 P_C は、
$$\frac{2}{7} + \frac{1}{3} + \frac{2}{21} = \frac{5}{7}$$

それでは、余事象の確率を用いた、最初に簡単だと見抜いた解
法で解いてみます。

C は残る 5 本の中に当たりくじがあれば当たりとなる、という
ルールですから、C が当たりくじをひかないのは、A と B が既
に 2 本の当たりくじをひいており、もう手元には当たりくじがな
い状態のときですね。この確率は、P_B を求めたときの①で求め

た $\dfrac{2}{7}$ ですので、求める確率 P_C は、

$$1 - \dfrac{2}{7} = \dfrac{5}{7}$$

$P_A = \dfrac{4}{7} = \dfrac{12}{21}$、$P_B = \dfrac{13}{21}$、$P_C = \dfrac{5}{7} = \dfrac{15}{21}$ ですから、$P_A < P_B < P_C$ ですね！166 ページの問題では、何番目にひいても当たりくじをひく確率に変化はありませんでした。しかし、今回ははずれくじを取り除いていきますので、後でひくにつれて当たりくじをひく確率が高くなっていきます。

振り返り

　A、B、C のうちで誰が有利かについて、読者の皆さんの直感は正解でしたか？または、166 ページの問題を解いた経験が邪魔をして、同じだと思いましたか？

　実際に手を動かして、論理的に確率を考えることで、客観的に物事の有利、不利が分かる一例かと思います。

問題6 1993 京都大学理系後期

　$n \geqq 3$ とする。1、2、$\cdots$、n のうちから重複を許して 6 個の数字をえらびそれを並べた順列を考える。このような順列のうちで、どの数字もそれ以外の 5 つの数字のどれかに等しくなっているようなものの個数を求めよ。

> **分問**
>
> 　$n \geq 6$ とします。このとき、「123456」という順列をどう思いますか。

「どの数字もそれ以外の 5 つの数字のどれかに等しくなっている」という条件を満たしませんね・・・。

　また、「123344」も、1 と 2 は「どの数字もそれ以外の 5 つの数字のどれかに等しくなっている」という条件を満たしませんね・・・。

> **分問2**
>
> 　$n \geq 6$ とします。1、2、・・・、n のうちから重複を許して何種類の数字を選ぶことができますか？

　1 だけの 1 種類を選び、111111
　1 と 2 の 2 種類を選び、121212
　1 ～ 3 の 3 種類を選び、123123
　1 ～ 4 の 4 種類を選び、123412
　1 ～ 5 の 5 種類を選び、123451
　1 ～ 6 の 6 種類を選び、123456
　それでは、何種類の数字を選ぶことができますか？

　1 種類から 3 種類の数字を選ぶことができますね！
　ただ、1 ～ 3 の 3 種類でも「111223」のように条件を満たさない順列がありますから、注意が必要です。

$n=3$ のとき、条件を満たす順列を 5 つ挙げてください。

10 個 $+\alpha$ 挙げてみましょうか。

111111

111122、221111、121112、112121

111222、121212、112212、211211

112233、123123、123321、312231

分問 3 で挙げた、1 が 4 個と、2 が 2 個（111122）という数字の選び方では、いくつの順列ができますか。

1 が 4 個と、2 が 2 個の合計 6 個の同じものを含む順列ですから、

$$\frac{6!}{4!2!}=15 \ （通り）$$

どの数字もそれ以外の 5 つの数字のどれかに等しくなっているのは、仮に

$\begin{cases} 数字が 1 種類の場合は A \\ 数字が 2 種類の場合は A、B（A<B） \\ 数字が 3 種類の場合は A、B、C（A<B<C） \end{cases}$

としますと、それらがいくつずつの場合があるでしょうか？

① A が 6 個

② A が 4 個と B が 2 個

③ A が 3 個と B が 3 個

④ A が 2 個と B が 4 個

⑤ A が 2 個と B が 2 個と C が 2 個

本問'

　これまでの分間を参考にして、どの数字もそれ以外の 5 つの数字のどれかに等しくなっているようなものの個数を求めましょう。

---

　①～⑤の場合を、A、B、C がそれぞれどの数字かを考慮しながら、同じものを含む順列も組み合わせて、それぞれの個数を求めれば良いですね。順列を選んで並べると「分解」、ですね。

① 　A がどの数字か、というパターン数ですから、 n 個

② 　A の選び方が n 通り、その後の B の選び方が $n-1$ 通りですから、

$$n(n-1) \times \frac{6!}{4!2!} = 15n(n-1) \ \text{（個）}$$

では、いけませんよね！A、B には A＜B という条件がありますので、$n(n-1) = {}_nP_2$ ではなく、${}_nC_2$ であるべきですから、

$$ {}_nC_2 \times \frac{6!}{4!2!} = \frac{15n(n-1)}{2} \ \text{（個）}$$

③　同様に、AとBが3個ずつであることに注意すると、
$$_n\mathrm{C}_2 \times \frac{6!}{3!3!} = 10n(n-1) \text{（個）}$$

④　②と同じパターン数になりますので、　$\dfrac{15n(n-1)}{2}$ （個）

⑤　同様に、AとBとCが2個ずつであることに注意すると、
$$_n\mathrm{C}_3 \times \frac{6!}{2!2!2!} = 15n(n-1)(n-2) \text{（個）}$$

よって、求める個数は、

$$n + \frac{15n(n-1)}{2} + 10n(n-1) + \frac{15n(n-1)}{2} + 15n(n-1)(n-2)$$
$$= n\left\{1 + \frac{15(n-1)}{2} + 10(n-1) + \frac{15(n-1)}{2} + 15(n-1)(n-2)\right\}$$
$$= n\left\{1 + \underline{(15n-15)} + 10n - 10 + 15n^2 - 45n + 30\right\}$$
$$= n(15n^2 - 20n + 6) \text{（個）}$$

問題文に、「$n \geqq 3$ とする」とありますが、検算で $n=1$ としてみましょう！

すると、$1(15 \cdot 1^2 - 20 \cdot 1 + 6) = 1 \cdot 1 = 1$ （個）となります。実際 $n=1$ のときは、①の111111の1個しかありえませんので、合っていそうですね。

では、続いて $n=2$ としてみましょう！かなりパターン数がありそうですので、①〜⑤のうち、いずれかに着目してみましょう。

　⑤は 2 つしか数字がないと起こりえませんので⑤の $15n(n-1)(n-2)$ で $n=2$ とすると 0 になりますから、合っていそうですね。

　ですから、問題文の「$n \geqq 3$ とする」は、①〜⑤の場合が必ずあり得るように限定して、細かく場合分けをする必要がなくなるように配慮していたんですね。

振り返り

　最初の分問で具体例を挙げることで、問題の内容の理解が深まったのではないでしょうか。そこで再度本問に戻る（微積思考で全体を見る、時間軸思考でスタート地点に戻る）と、大きな前進が感じられたことと思います。

　ご自分で、またはどの分問の段階で、「読解力が必要なだけで、組合せと同じものを含む順列の融合問題だ」と気づきましたか？知識量ではなく、思考力が問われる良問ですね！

問題 7　1994 京都大学文理共通後期

　3 人の選手 A、B、C が次の方式で優勝を争う。まず、A と B が対戦する。そのあとは、1 つの対戦が終わると、その勝者と休んでいた選手が勝負をする。このようにして対戦をくり返し、先に 2 勝した選手を優勝者とする。（2 連勝でなくてもよい。）各回の勝負で引き分けはなく、A と B は互角の力量であるが、C が A、B に勝つ確率はともに p である。

(1) 2回の対戦で優勝者が決まる確率を求めよ。

(2) ちょうど4回目の対戦で優勝者が決まる確率を求めよ。

(3) A、B、Cの優勝する確率が等しくなるようなpの値を求めよ。

2連勝でなくてもよい、という変更はありますが、大相撲で同じ勝利数で並んだときの優勝決定戦の形式、巴戦が題材です。小問誘導がありますので、この問題に限っては、分問なしで解説していきます！

(1)解答

Aが2連勝、またはBが2連勝する場合ですね。AとBは互角の力量であるが、CがA、Bに勝つ確率はともにpであることを頭に入れて解きましょう。

① Aが2連勝のとき

初戦でAがBに勝つ確率は$\dfrac{1}{2}$、2試合目でAがCに勝つ確率は$1-p$ですので、

$$\frac{1-p}{2}$$

② Bが2連勝のとき

AとBは互角の力量ですから、①と同様に、$\dfrac{1-p}{2}$

①、②は互いに排反ですから、求める確率は、

$$\frac{1-p}{2}+\frac{1-p}{2}=1-p$$

(2)解答

図をかいて、整理しておきましょう。

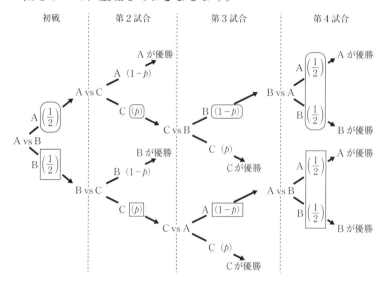

上の図から、ちょうど4回目の対戦で優勝者が決まる確率は、

$$\left(\frac{1}{2} \cdot p \cdot (1-p) \cdot \left(\frac{1}{2}+\frac{1}{2}\right)\right) + \frac{1}{2} \cdot p \cdot (1-p) \cdot \left(\frac{1}{2}+\frac{1}{2}\right) = p(1-p)$$

(3)解答

　上の図から、Aが優勝する確率と、Bが優勝する確率は同じになり、それらの和は、(1) の2回の対戦で優勝者が決まる確率と、(2) のちょうど4回目の対戦で優勝者が決まる確率の和になります。よって、Aが優勝する確率と、Bが優勝する確率はそれぞれ、

$$\frac{(1-p)+p(1-p)}{2}=\frac{1-p^2}{2}$$

Aが優勝する確率とBが優勝する確率の和は$1-p^2$ですから、余事象を考えると、Cが優勝する確率は、

$$1-(1-p^2)=p^2$$

したがって、A、B、Cの優勝する確率が等しくなるのは、

$$\frac{1-p^2}{2}=p^2$$

$$p^2=\frac{1}{3}$$

$p>0$ ですから、

$$p=\frac{\sqrt{3}}{3}$$

$\sqrt{3}\fallingdotseq 1.7$ より $\frac{\sqrt{3}}{3}\fallingdotseq 0.57>\frac{1}{2}$ ですから、最初に対戦しないCは不利ですね。

振り返り

　小問の誘導に乗って、図をかいて全体像を把握できれば解けましたね。微積思考で、部分と全体を複眼的に思考する力は十分についていましたか？まだという方は、もう一つの眼から、自分を客観的に見る意識を再度高めてください。

問題8　1996 東京大学理科後期

　n を正の整数とし、n 個のボールを3つの箱に分けて入れる問題を考える。ただし、1個のボールも入らない箱があっ

てもよいものとする。以下に述べる 4 つの場合について、それぞれ相異なる入れ方の総数を求めたい。

(1) 1 から n まで異なる番号のついた n 個のボールを、A、B、C と区別された 3 つの箱に入れる場合、その入れ方は全部で何通りあるか。

(2) 互に区別のつかない n 個のボールを、A、B、C と区別された 3 つの箱に入れる場合、その入れ方は全部で何通りあるか。

(3) 1 から n まで異なる番号のついた n 個のボールを、区別のつかない 3 つの箱に入れる場合、その入れ方は全部で何通りあるか。

(4) n が 6 の倍数 $6m$ であるとき、n 個の互に区別のつかないボールを、区別のつかない 3 つの箱に入れる場合、その入れ方は全部で何通りあるか。

(1)解答

　ボールにも箱にも区別がありますから、1 番のボールの入れ方は A、B、C の 3 箱のいずれに入れるかの 3 通りです。同様に 2 番のボール、3 番のボール、・・・、n 番のボールも 3 通りずつありますので、

$$3^n \text{ 通り}$$

　(2) ではボールには区別がなく、箱には区別があります。(1) とどのように変わるでしょうか？

(2)分問

$n = 3$ のとき、入れ方は全部で何通りありますか。すなわち、互いに区別のつかない 3 個のボールを、A、B、C と区別された 3 つの箱に入れる場合、その入れ方は全部で何通りありますか。

$n = 3$ の場合ですので、全ての場合をかき出して確認してみましょう！ボールには区別がありませんので、何個入っているかだけが重要になります。

A	B	C
0	0	3
0	1	2
0	2	1
0	3	0
1	0	2
1	1	1
1	2	0
2	0	1
2	1	0
3	0	0

の 10 通りですね。

(2)解答

　先程の分問では、A に 0 個のときは $3+1=4$（通り）、A に 1 個のときは 3 通り、A に 2 個のときは 2 通り、A に 3 個のときは 1 通りとなります。

　ということは、一般に n 個のボールとしますと、A に 0 個のときは $n+1$ 通り、A に 1 個のときは n 通り、A に 2 個のときは $n-1$ 通り、・・・、A に n 個のときは 1 通りとなりますから、求める入れ方は、

$$(n+1)+n+(n-1)+\cdot\cdot\cdot+1=\frac{1}{2}(n+1)(n+2)\ （通り）$$

　答えが出ましたら、せっかく $n=3$ のときの 10 通りを、全ての場合をかき出しましたので、検算をしましょう！
　$\frac{1}{2}(n+1)(n+2)$ に $n=3$ を代入すると、

$$\frac{1}{2}(3+1)(3+2)=\frac{1}{2}\cdot4\cdot5=10$$

これで良さそうですね！

　このように具体例から一般化して求めても良いですが、**基本 1** を活用して解いてみます。

　左の $n=3$ のときの表を参考にしますと、3 個のボール（○）に対して、どの箱に入れるかを切り替えるしきり（｜）を 2 ヶ所入れて、次のページのように対応させます。

231

	A	B	C
○｜○｜○ →	1	1	1
○○○｜｜ →	3	0	0
｜○○｜○ →	0	2	1

よって、5ヶ所から3ヶ所の○が並ぶ場所を選べば良いですから、求める入れ方は、

$$_5C_3 = 10 \ (通り)$$

または、○が3個、｜が2個、合計5個の同じものを含む順列と考えて、求める入れ方は、

$$\frac{5!}{3!2!} = 10 \ (通り)$$

これを基にして一般化しますと、n個のボールのときには、n個のボール（○）に、しきり（｜）を2ヶ所入れて、求める入れ方は、

$$_{n+2}C_n = {}_{n+2}C_2 = \frac{(n+2)(n+1)}{2 \cdot 1} = \frac{1}{2}(n+1)(n+2) \ (通り)$$

または、一般にn個のボールのときには、○がn個、｜が2個、合計$n+2$個の同じものを含む順列と考えて、求める入れ方は、

$$\frac{(n+2)!}{n!2!}$$
$$=\frac{(n+2)(n+1)n(n-1)\cdot\cdot\cdot\cdot 2\cdot 1}{n(n-1)\cdot\cdot\cdot\cdot 2\cdot 1\times 2\cdot 1}$$
$$=\frac{1}{2}(n+1)(n+2)\ (通り)$$

　さらに異なる 3 個のものから重複を許して n 個取る重複組合せと捉え、記号 H を用いると求める入れ方は、

$$_3\mathrm{H}_n = _{3+n-1}\mathrm{C}_n = _{n+2}\mathrm{C}_n = \frac{1}{2}(n+1)(n+2)\ (通り)$$

(3)分問

　$n=3$ のとき、すべての場合を書き出し、入れ方は何通りかを求めてみましょう！

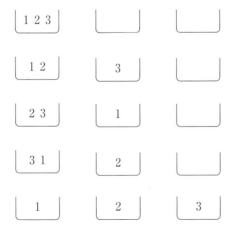

の 5 通りです。

区別のつかない3つの箱になりましたので、分間の5通りはどのように計算したら良いでしょうか。

すぐに計算で求められそうにないことはお分かりだと思います。それでは、どのように工夫して求めましょうか?

困ったときは基本に戻りますよね！どの基本を適用しましょうか?

基本3を使って、箱に区別がある状態で求めたものを、区別をなくすと同じものになるパターン数で割ることで求めます。

それでは、先程の5通りは、箱にA、B、Cの区別がある場合にはどうなるでしょうか?

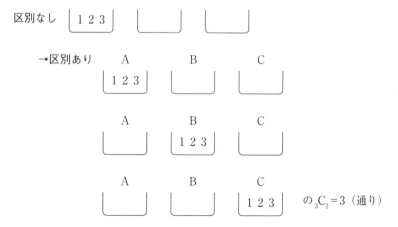

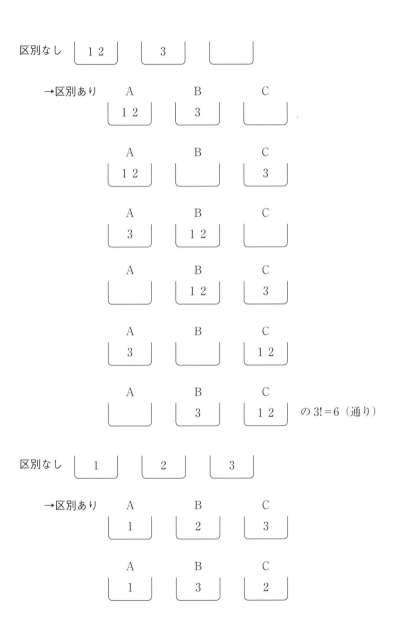

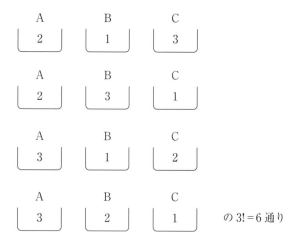

A	B	C
2	1	3

A	B	C
2	3	1

A	B	C
3	1	2

A	B	C
3	2	1

の 3! = 6 通り

ということで、1 箱に入れるとき、2 箱に入れるとき、3 箱に入れるときの 3 つの場合に分けて考えます。（2 箱に入れるとき、3 箱に入れるときは共に 3! 通りだから同じで良いと思われるかもしれませんが、複眼的思考で先読みができる方は、この後ボールが n 個の場合を考えますので、この方が良いと気づかれたと思います。）

① 1 箱に入れるとき

　区別ありの 3 通りを 3 で割って、1 通り

　（全てのボールを 1 個の箱に入れる 1 通りですから、次の本問′では計算しません。）

② 2 箱に入れるとき

　区別があるときは、どの 2 箱か、3 個の区別のつくボールをその 2 箱に「少なくとも 1 つ」どのように入れるかを考え、その入れ方を 3! で割れば良いですから、

236

$$\frac{{}_3C_2 \times (2^3 - 2)}{3!} = 3 \ (通り)$$

③ 3 箱に入れるとき

　　1 から 3 まで異なる番号のついた 3 個のボールを、A、B、C
と区別された 3 つの箱に 1 個ずつ入れる場合の 3! 通りから、
区別をなくすと 3! で割れば良いですから、

$$\frac{3!}{3!} = 1 \ (通り)$$

　　よって、　$1 + 3 + 1 = 5$ （通り）

(3)本問'

　　一般に、ボールが n 個の場合を考えましょう。

　1 箱に入れる場合は、箱に区別がないとき、ボールが 3 個であ
ろうが、n 個であろうが 1 通りですよね！

　2 箱に入れる場合は、箱に A、B、C の区別がある場合は、ど
の 2 箱か、n 個の区別のつくボールをその 2 箱に少なくとも 1
つ、どのように入れるかを考えて、その入れ方を 3! で割れば良
いですから、

$$\frac{{}_3C_2 \times (2^n - 2)}{3!} = 2^{n-1} - 1 \ (通り)$$

または、2 箱に入れる場合は、どうせ後で区別をなくすわけで
すから、箱を A、B の 2 つに限定して、$2^n - 2$ 通りを、A、B の入
れ替えの 2! で割り、

$$\frac{2^n - 2}{2!} = 2^{n-1} - 1 \ (通り)$$

　3箱に入れる場合は、箱に A、B、C の区別がある場合は、n 個の区別のつくボールをその 3 箱に少なくとも 1 つ、どのように入れるかを考えます。（156 ページを参考にしてください。）そして、その入れ方を 3! で割れば良いですから、

$$\frac{3^n - 3(2^n - 2) - 3}{3!} = \frac{3^{n-1}}{2} - 2^{n-1} + \frac{1}{2} \ (通り)$$

	区別あり	換算	区別なし
1箱	3	→ ÷ 3	1
2箱	$_3C_2 \times (2^n - 2)$	→ ÷ 3!	$2^{n-1} - 1$
	$2^n - 2$	→ ÷ 2!	
3箱	$3^n - 3(2^n - 2) - 3$	→ ÷ 3!	$\dfrac{3^{n-1}}{2} - 2^{n-1} + \dfrac{1}{2}$

よって、求める入れ方は、

$$1 + (2^{n-1} - 1) + \left(\frac{3^{n-1}}{2} - 2^{n-1} + \frac{1}{2} \right)$$
$$= \frac{3^{n-1} + 1}{2} \ (通り)$$

　それでは、n に条件は追加されますが、ボールも箱も区別をなくした（4）に挑戦しましょう！

(4)分問

（3）の解法の全体像は、

（1）　ボールの区別あり　箱の区別あり

　　　　　　　　　　　　　　↓ 3 や 3!（や 2!）で割る

（3）　ボールの区別あり　箱の区別なし

でした。それでは、（4）は両者に区別がありませんので、（1）
〜（3）のいずれを利用して解くか、見通しを立てましょう。

（2）　ボールの区別なし　箱の区別あり

　　　　　　　　　　　↓同じものと数えるパターン数で割る

（4）　ボールの区別なし　箱の区別なし

　このように（2）を詳しく調べて、**基本 3「同じものと数えるパ
ターン数で割る」** を適用すれば良さそうですね。

(4)本問'

　ボールに区別はないので、ボールが入る箱の個数だけ考え
て、左のページのような表を完成させ、（4）の入れ方は全部
で何通りあるか求めましょう。

	区別あり	換算	区別なし
1箱			
2箱			
3箱			

下の順に、埋められる欄から埋めていこうと思います。

	区別あり	換算	区別なし
1箱	③	②	①
2箱	⑥	⑤	④
3箱	⑨	⑧	⑦

区別なしの欄から埋めるのならこんな表を埋める必要はないのではないか、と思われるかもしれませんが、後でその理由は分かりますのでお付き合いください！

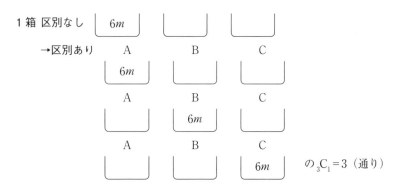

	区別あり	換算	区別なし
1箱	3	←×3	1

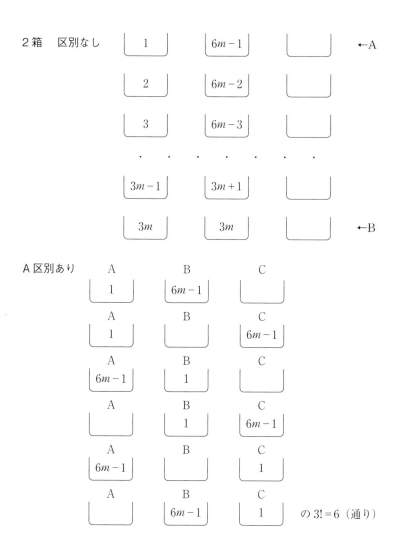

2箱　区別なし

| 1 | $6m-1$ | | ←A |

| 2 | $6m-2$ | |

| 3 | $6m-3$ | |

・　・　・　・　・　・　・

| $3m-1$ | $3m+1$ | |

| $3m$ | $3m$ | | ←B

A区別あり

| A | B | C |
| 1 | $6m-1$ | |

| A | B | C |
| 1 | | $6m-1$ |

| A | B | C |
| $6m-1$ | 1 | |

| A | B | C |
| | 1 | $6m-1$ |

| A | B | C |
| $6m-1$ | | 1 |

| A | B | C |
| | $6m-1$ | 1 |

の 3! = 6（通り）

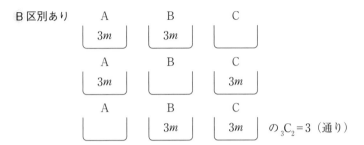

B 区別あり

の $_3C_2 = 3$（通り）

よって、箱の区別をつけると、A のときは 3! 倍、B のときは 3 倍することになりますので、箱 2 個の部分の表を埋めるには、場合分けが必要です。

		区別あり	換算	区別なし
2箱	A	$18m-6$	$\leftarrow \times 3!$	$3m-1$
	B	3	$\leftarrow \times 3$	1

3箱　区別なし

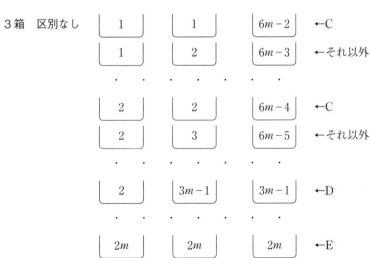

まず、C のように小さい（左側の 2 つの箱の）ボールの個数が

同じ場合は何パターンあるか求めましょう。

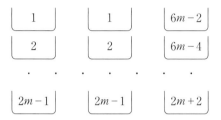

の $2m-1$ 通りですね。

　そして、これらに箱の区別をつけますと、C は 3 倍になりますね。

　続いて、D のように大きい（右側の 2 つの箱の）ボールの個数が同じ場合は何パターンあるか求めましょう。このときは、一番左の箱のボールの個数は偶数でないといけないことに注意しますと、

2	$3m-1$	$3m-1$
4	$3m-2$	$3m-2$
・	・	・
$2m-2$	$2m+1$	$2m+1$

の $m-1$ 通りですね。

　そして、これらに箱の区別をつけますと、3 倍になりますね。

　3 箱とも同じ個数が入っている E は区別をつけても 1 通りですね。

　また、それ以外の場合がたくさんありますが、簡単に分かるの

は、箱の区別なしを区別ありに換算するには、3! をかけると良いことですね。

　以上から、箱 3 個の部分の表は、次のようになります。

		区別あり	換算	区別なし
3箱	C	$6m-3$	←×3	$2m-1$
	D	$3m-3$	←×3	$m-1$
	E	1	=	1
	それ以外		←×3!	/////

　右上の斜線部は、

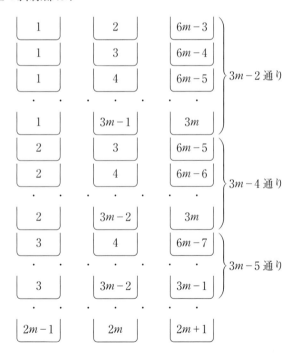

244

　この数は、Ｄと同様に左のボールの個数の偶奇によって変化しますので、求めるのは難しそうですね・・・。

　では、どうしましょう？

　これを解決するために、区別のあり、なし、両方の表を考えてきたんです！

　困ったら、基本に戻りましょう。**基本2**を用いて、余分に数えて引けば良いですね！表の最下段に、合計の行を追加します。

		区別あり	換算	区別なし
1箱		3	←×3	1
2箱	A	$18m-6$	←×3!	$3m-1$
	B	3	←×3	1
3箱	C	$6m-3$	←×3	$2m-1$
	D	$3m-3$	←×3	$m-1$
	E	1	=	1
	それ以外	②	←×3!	③
合計		①		④

　上の表の残りの部分を、①→②→③、そして今求めたい④の順に埋めます。

　最初に①ですが、ボールに区別がなく、箱に区別があり、$n=6m$ の入れ方の総数は、(2) の答えの $\dfrac{1}{2}(n+1)(n+2)$ 通り　の n に $6m$ を代入すれば良いですから、

$$\dfrac{1}{2}(6m+1)(6m+2)=(6m+1)(3m+1)=18m^2+9m+1\ （通り）$$

続いて②ですが、合計が分かったので、引き算すれば求められますので、

$(18m^2 + 9m + 1) - \{3 + (18m - 6) + 3 + (6m - 3) + (3m - 3) + 1\}$
$= 18m^2 - 18m + 6$（通り）

さらに③ですが、区別ありの場合の入れ方が先に求まりましたので、前ページの表とは逆に、②の値を $3!$ で割れば良いですから、

$$\frac{18m^2 - 18m + 6}{3!} = 3m^2 - 3m + 1 \text{（通り）}$$

よって、求める入れ方は、区別なしの全ての値を加えて、

$1 + (3m - 1) + 1 + (2m - 1) + (m - 1) + 1 + (3m^2 - 3m + 1)$
$= 3m^2 + 3m + 1$（通り）

振り返り

　東京大学の後期入試の問題ですから、難しかったかもしれませんが、今回の解答を振り返ってみますと、必要な知識は本書の内容のみです。（他の解法もあると思いますが、思考力を鍛えるのが本書のコンセプトですので、今回の解法を採用しました。異なった解法、より簡単で鮮やかな解法で取り組んだ方は素晴らしいと思います。）体系化された知識と複眼的思考力のコンビネーションと、考え抜く力が要求される良問だったと思います。

問題 9　2003 京都大学理系後期

　7 つの文字を並べた列 $a_1a_2a_3a_4a_5a_6a_7$ で、次の 3 つの条件を みたすものの総数を求めよ。

（ⅰ）a_1、a_2、a_3、a_4、a_5、a_6、a_7 は A、B、C、D、E、F のい ずれかである

（ⅱ）$i = 1$、2、・・・、6 に対し、a_i と a_{i+1} は相異なる

（ⅲ）$i = 1$、2、・・・、6 に対し、a_i と a_{i+1} は下図において線 分で結ばれている

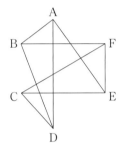

分問

　3 つの条件をみたす文字列を 3 つ挙げてください。

　ABCDEFA はだめですよね。BC 間、DE 間、FA 間は線分で 結ばれていませんよね。ということで、図を確認しながら、1 例 を挙げてみましょう！

　例えば、ABDCFEA です。文字列と図を対応させましょう。

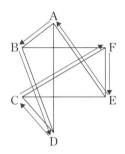

　他にも、ABABABA、DCEABAE、・・・、とたくさんありますね。

解答

　文字列をいくつか挙げる中で、図に規則があることに気づきましたか？

　全ての頂点から、3本ずつ線分が出ていますね。

　ということは、a_1、すなわち、どこからスタートするかは A ～ F の6通り、その後 a_i に対して a_{i+1} の選び方は常に3通りずつありますので、　　　　$6 \times 3^6 = 4374$（通り）

振り返り

　知識として必要なのは、積の法則だけでしたね。（なくても樹形図をかけば求められたと思いますが！）

　初見の問題でもひるまず、実験する中でルールをしっかりと把握し、そこから思考することで解くことができました！

問題10 2005京都大学文系後期

　xy 平面上に $x=k$（k は整数）または $y=\ell$（ℓ は整数）で定義される碁盤の目のような街路がある。4 点 $(2, 2)$、$(2, 4)$、$(4, 2)$、$(4, 4)$ に障害物があって通れないとき、$(0, 0)$ と $(5, 5)$ を結ぶ最短経路は何通りあるか。

　同じものを含む順列のときに扱った最短経路の問題ですね！それでは、街路の確認から順に考えていきましょう。

分問

　この碁盤の目のような街路の図をかいてみましょう。ただし、xy 平面上において、$x=k$ は点 $(k, 0)$ を通る縦の直線、$y=\ell$ は点 $(0, \ell)$ を通る横の直線です。

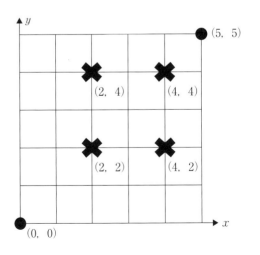

　障害物を通らない経路をもれなく重複なく数えますか？それとも、全体から障害物を通る場合を引きますか？

　すぐ思い付きで解き始めるのではなく、このように全体を見渡した思考が大切ですね！

　本書では両方の解答で解いてみますが、2通りの解法を評価し、どちらを選ぶかの判断力が大切です。

障害物を通らない経路を数える

　4つも障害物があり、複雑そうですね・・・

全体から障害物を通る経路数を引く

　障害物が4つもありますから、障害物を通る経路は、障害物を1つ通る、2つ通る、3つ通る経路がありますね。（最短経路で4つとも通る場合はありません。）こちらも複雑そうですね・・・。

　ということで、今回は障害物を通らない経路を数える解法を優先します。（後ほど、後者の解法も扱います。）

本問'　障害物を通らない経路を数える

　障害物を通らない経路を数え、最短経路は何通りあるか求めましょう。

　いかに場合分けをして、もれなく重複なく数えられるかが勝負です。

　今から解答の一例をお示ししますが、異なる場合分けも可能ですから、ご自分の解法を大切にしてください。

　例えば、下図のように★1、★2を通る場合に分けてみましょう！

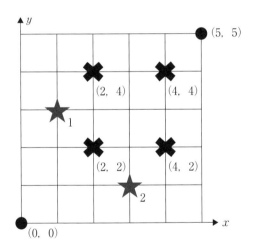

　これらの2つに重複はありませんので、別々に計算して足しましょう！しかし、もれはありませんか？

　これでは外側から大回りをする場合がもれていますね・・・。

　ということで、次のページの図のように場合分けします。

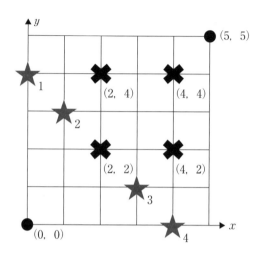

　今度こそ、これらの4つにもれや重複がありません。それでは、これらを別々に計算して足して求めてみましょう！

★1を通過するとき

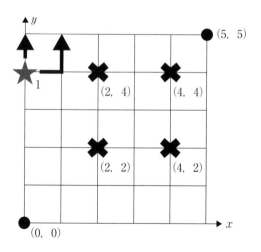

★1まで行く方法は、上ばかりに進む1通り、その後は前のページの図のように「上」または「右、その後、上」と進む2通りがあり、そして右に進み続ければ良いですから、

$$1 \times 2 \times 1 = 2 \text{（通り）}$$

★2を通過するとき

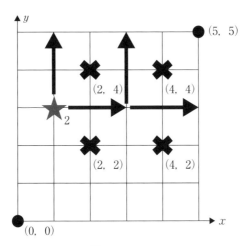

★2まで行く方法は、$\dfrac{4!}{3!1!} = 4$（通り）、その後は上図のように「2回上」または「2回右、その後、2回上」または「4回右」と進む3通りがあり、そして $(5, 5)$ に向けて直進すれば良いですから、

$$4 \times 3 \times 1 = 12 \text{（通り）}$$

★ 3 を通過するとき

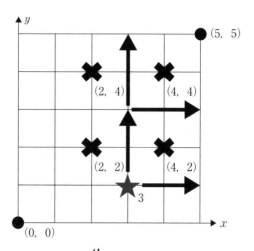

★ 3 まで行く方法は、$\dfrac{4!}{1!3!} = 4$（通り）、その後は上図のように「4 回上」または「2 回上、その後、2 回右」または「2 回右」と進む 3 通りがあり、そして (5, 5) に向けて直進すれば良いですから、

$$4 \times 3 \times 1 = 12 \text{（通り）}$$

★ 4 を通過するとき

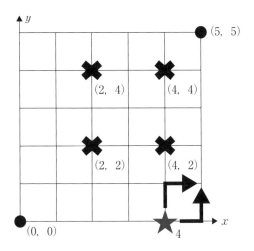

　★ 4 まで行く方法は、右ばかりに進む 1 通り、その後は上図のように「上、その後、右」または「右、その後、上」と進む 2 通りがあり、そして上に進み続ければ良いですから、

$$1 \times 2 \times 1 = 2 \text{（通り）}$$

　よって、求める最短経路は　　$2 + 12 + 12 + 2 = 28$（通り）

　それでは、基本 2 を用いた、全体から障害物を通る経路数を引く解法で解いてみましょう！

　一般に、3 つの集合の要素の個数の公式は、

$$n(A \cup B \cup C) = n(A) + n(B) + n(C)$$
$$- n(A \cap B) - n(B \cap C) - n(C \cap A)$$
$$+ n(A \cap B \cap C)$$

でしたから、今回は4点もありますので、この解法を後回しにしただけあり、難しそうですね・・・。

　まずは、微積思考で問題を俯瞰して考えて、本問を解きにかかる前に以下の分問を挟みましょう。

分問　全体から障害物を通る経路数を引く

　下図のようにA、B、C、Dとし、Aを通るパターン数を $n(A)$ 等とすると、障害物を通る経路数はどのように表されますか。

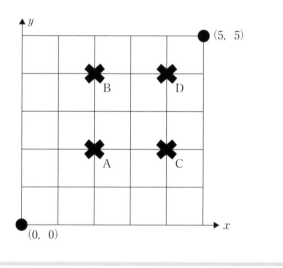

　4点もあって難しそうですが、最短経路ですから、同時に通ることのない2点がありませんか？

　BとCの両方を通ることはありませんね！ということで、B
とCのベン図は下図のようになります。

「AとB、DとB、AとDとB」、「AとC、DとC、AとDと
C」、「AとD」を共に通る場合はありますので、重なることを意
識しますと、

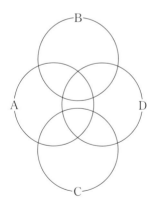

　$n(\mathrm{A}) + n(\mathrm{B}) + n(\mathrm{C}) + n(\mathrm{D})$ を計算すると、各エリアを次の回
数数えることになります。

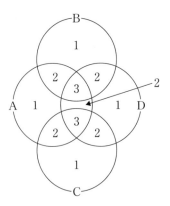

$n(\text{A} \cap \text{B})$ を引くことで、下図の斜線部の「2 を 1」、「3 を 2」に減らすことができます。

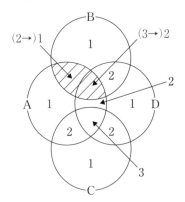

その状態から、$n(\text{B} \cap \text{D})$ を引くことで、次のページの図の斜線部の「2 つの 2 を 1」に減らすことができますから、これで集合 B 内は 1 度ずつ数えたことになります！

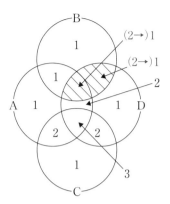

集合C内も同様に考えますと、次の式により、下図のように数えたことになります。

$$n(\mathrm{A}) + n(\mathrm{B}) + n(\mathrm{C}) + n(\mathrm{D})$$
$$-n(\mathrm{A} \cap \mathrm{B}) - n(\mathrm{B} \cap \mathrm{D}) - n(\mathrm{A} \cap \mathrm{C}) - n(\mathrm{C} \cap \mathrm{D})$$

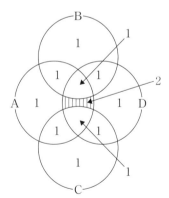

残る問題点は、上図で縦線部の2を1にすることですね！このエリアは∩、∪を使いますと、どのようにかけますか？

Aの中、かつ、Bの外、かつ、Cの外、かつ、Dの中ですの

で、$A \cap \overline{B} \cap \overline{C} \cap D$ です！ここも考慮に入れますと、障害物を通る経路数は以下のように表されます。

$$n(A) + n(B) + n(C) + n(D)$$
$$-n(A \cap B) - n(B \cap D) - n(A \cap C) - n(C \cap D)$$
$$-n(A \cap \overline{B} \cap \overline{C} \cap D)$$

本問' 全体から障害物を通る経路数を引く

障害物を通る経路を数え、最短経路は何通りあるか求めましょう。

障害物を通る経路数は、各経路数の細かい計算は皆さんにお任せしまして、

$$n(A) + n(B) + n(C) + n(D)$$
$$-n(A \cap B) - n(B \cap D) - n(A \cap C) - n(C \cap D)$$
$$-n(A \cap \overline{B} \cap \overline{C} \cap D)$$
$$= 120 + 60 + 60 + 140 - 24 - 30 - 24 - 30 - 48$$
$$= 224 \,（通り）$$

障害物を無視した、$(0, 0)$ と $(5, 5)$ を結ぶ最短経路は、

$$\frac{10!}{5!5!} = 252 \,（通り）$$

ですから、求める最短経路は、

$$252 - 224 = 28 \,（通り）$$

振り返り

2 つの解法、いかがでしたか？

1 つ目の解法の「適切に場合分けをする力」、2 つ目の解法の「公式にとらわれず、関連した公式の背景を用いて発展させる力」、このような力こそが本書で伝えたい思考力の一端です。色々な場面で活躍しそうだと思いませんか？

問題 11　2006 京都大学理系後期

さいころを n 個同時に投げるとき、出た目の数の和が $n+3$ になる確率を求めよ。

この短い問題文を読んで、直感的に何を思われたでしょうか？

n 個同時に投げて、出た目の数の和が $n+3$ になるんだから、ほとんど 1 の目が出るな、と思ったのではないでしょうか？

それでは、分解して考えていきましょう！

分問

さいころを n 個同時に投げるとき、出た目の数の和が n になる確率を求めよ。

この問題でしたら、どのような目が出れば良いでしょうか？

n 個全部で 1 の目が出るしかありませんよね！

ということは、求める確率は、当然 n 個のさいころを区別しま

して、
$$\frac{1}{6^n}$$

分問2

　さいころを n 個同時に投げるとき、出た目の数の和が $n+1$ になる確率を求めよ。

　今度は $n+1$ ですから、1 の目ばかりの中で、1 個だけ 2 の目が出れば良いですね！

　区別された n 個のさいころのうち、どのさいころで 2 の目が出るかの n 通りがありますから、求める確率は、　$\dfrac{n}{6^n}$

分問3

　さいころを n 個同時に投げるとき、出た目の数の和が $n+2$ になる確率を求めよ。

　実はこの分問 3 は、この年の京都大学「文系」後期の問題です。

　今度は $n+2$ ですから、どのような目が出れば良いでしょうか？少しずつ難易度が上がってきましたが、いかがでしょうか？

　今回は、$+2$ を $+(1+1)$ と捉えるか、そのまま $+2$ と捉えることがあります。

　1 の目ばかりの中で、2 の目が 2 度出るか、3 の目が 1 度出る場合がありますね！

　2 の目が 2 度出る場合は、区別された n 個のさいころのうち、どの 2 個で 2 の目が出るかの ${}_nC_2$ 通りがあります。

　3 の目が 1 度出る場合は、区別された n 個のさいころのうち、どれで 3 の目が出るかの n 通りがあります。

　これらは同時に起こらない、すなわち互いに排反ですから、求める確率は

$$\frac{{}_n\mathrm{C}_2 + n}{6^n} = \frac{n(n+1)}{2 \cdot 6^n}$$

　さらに、次の確認が必要です。

　$n=1$ のときは、2 の目が 2 度出ることはできませんから、その 1 回に 3 の目が出るしかなく、その確率は $\frac{1}{6}$ です。

　今求めた $\frac{n(n+1)}{2 \cdot 6^n}$ に、$n=1$ を代入しますと、$\frac{1(1+1)}{2 \cdot 6^1}$ です。これを計算すると確かに $\frac{1}{6}$ になりますので、これを答えとして良い、と確認をしなければなりません。細かいとお思いかもしれませんが、「神は細部に宿る」と言いますから！

　それでは、本問に戻りましょう。今度は、起こらない場合まで気を配って求めてみましょう！

解答

　本問では $n+3$ ですから、どのような目が出れば良いでしょうか？

　今回は、$+3 = +(1+1+1)$ と捉え「2 の目が 3 度出る」か、$+3 = +(1+2)$ と捉え「2 の目が 1 度かつ 3 の目が 1 度出る」か、そのまま $+3$ と捉え「4 の目が 1 度出る」の 3 つの場合がありますね！

2の目が3度出る場合 ($n \geqq 3$)

区別された n 個のさいころのうち、どの3個で2の目が出るかの ${}_nC_3$ 通りがあります。

2の目が1度かつ3の目が1度出る場合 ($n \geqq 2$)

区別された n 個のさいころのうち、どれで2の目が出るかと、どれで3の目が出るかの $n(n-1)$ 通りがあります。

4の目が1度出る

区別された n 個のさいころのうち、どれで4の目が出るかの n 通りがあります。

これらは互いに排反ですから、求める確率は

$$\frac{{}_nC_3 + n(n-1) + n}{6^n} = \frac{n(n+1)(n+2)}{6^{n+1}}$$

この式は、

$n = 1$ のとき　　4の目が1度出る確率の $\dfrac{1}{6}$

$n = 2$ のとき　　2の目と3の目が出る、または、

1の目と4の目が出る確率の $\dfrac{1}{9}$

と一致しますので、答えとして良いです。

いかがでしたでしょうか？

適切に分問を設定し、それらから分かることを積み上げることで解けましたね！

また、重複組合せ H に慣れておられる方は、このように解いたかもしれません。

分問2の別解

さいころを n 個同時に投げるとき、出た目の数の和が $n+2$ になる確率を求めよ。

この $+2$ の部分から、異なる n 個のさいころから重複を許して 2 個選び、それら 2 個に $+1$ を配る重複組合せと考えて、

$$\frac{{}_n\mathrm{H}_2}{6^n} = \frac{{}_{n+2-1}\mathrm{C}_2}{6^n} = \frac{{}_{n+1}\mathrm{C}_2}{6^n} = \frac{n(n+1)}{2 \cdot 6^n}$$

本問の別解

さいころを n 個同時に投げるとき、出た目の数の和が $n+3$ になる確率を求めよ。

この $+3$ の部分から、異なる n 個のさいころから重複を許して 3 個選び、それら 3 個に $+1$ を配る重複組合せと考えて、

$$\frac{{}_n\mathrm{H}_3}{6^n} = \frac{{}_{n+3-1}\mathrm{C}_3}{6^n} = \frac{{}_{n+2}\mathrm{C}_3}{6^n} = \frac{n(n+1)(n+2)}{6^{n+1}}$$

振り返り

適切な分問の設定が鍵となる問題でしたね！「知っていること」と「（少し）考えれば分かること」を積み上げること

で、最初は見通しが持てなかった問題でも解決できる可能性が大幅に高まります！

問題 12 2008 京都大学理系前期

正四面体 ABCD を考える。点 P は時刻 0 では頂点 A に位置し、1 秒ごとにある頂点から他の頂点のいずれかに、等しい確率で動くとする。このとき、時刻 0 から時刻 n までの間に、4 頂点 A、B、C、D のすべてに点 P が現れる確率を求めよ。ただし n は 1 以上の整数とする。

分問

n を 1～4 まで変化させ、時刻 0 から時刻 n までの間に、4 頂点 A、B、C、D のすべてに点 P が現れる場合があれば一例を挙げてください。

● $n=1$ のとき

$A \rightarrow B$、$A \rightarrow C$、$A \rightarrow D$ のいずれかが $\dfrac{1}{3}$ の確率で起こるため、4 頂点 A、B、C、D のすべてに点 P が現れることはない。

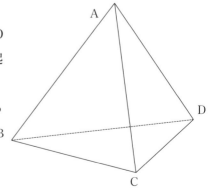

● *n*=2 のとき

　A → B → C、A → B → D 等の 3 頂点、または、A → B → A、A → C → A 等の 2 頂点に動く場合のみであるから、4 頂点 A、B、C、D のすべてに点 P が現れることはない。

● *n*=3 のとき

　問題で求められている一例は、A → B → C → D である。

　ただし、当然 A → B → C → A 等と動く場合があるため、必ず 4 頂点のすべてに点 P が現れるわけではない。

● *n*=4 のとき

　一例は、A → B → C → D → A である。

　少し慣れてきたところで、微積思考で、*n*=10 にしてもう少し全体像を扱いましょう。

分問2

　時刻 0 から時刻 10 までの間に、4 頂点 A、B、C、D のすべてに点 P が現れる例を挙げてください。

時刻 0 のスタート時点では A に位置しますから、

　例 1　A → B → C → D → A → B → C → D → A → B → C

　例 2　A → B → A → B → A → B → A → B → A → C → D

等があります。例1のようにグルグルと頂点を移動する場合、例2のようにAB間を往復しながら、C、Dにも移動する場合等がありますね。では、これらをどのようにもれなく、重複なく計算しましょうか？

余事象を使うと良さそうですね！多角思考です。

分問3

時刻 0 から時刻 n までの間に、4頂点 A、B、C、D のすべてに点 P が現れることの余事象は、本問' で計算することを考えると、どのような場合に分けると良いですか。

正四面体には4頂点があり、1秒後には A 以外の頂点のいずれかに動いていることを考慮しますと、

① A ともう1つの頂点の2頂点にしか点 P が現れない
② A ともう2つの頂点の3頂点にしか点 P が現れない

とすると良さそうです。

本問'

余事象の確率を求め、本問を解きましょう。

それでは、分問3のそれぞれの確率を求めていきましょう。

① Aともう1つの頂点の2頂点にしか点Pが現れない

　もう1つの頂点の選び方がB、C、Dの3通りあります。

　他の頂点に動く確率は $\dfrac{1}{3}$ ですから、例えばAB間の往復のみをする確率は

$$\left(\dfrac{1}{3}\right)^n$$

　よって、この場合の起こる確率は　$3\left(\dfrac{1}{3}\right)^n = \left(\dfrac{1}{3}\right)^{n-1}$

② Aともう2つの頂点の3頂点にしか点Pが現れない

　もう2つの頂点の選び方は、B、C、Dから2頂点を選ぶ $_3C_2$ 通りあります。

　右の図では、左手前、右手前、奥のどの三角形を選ぶかということですね。

　例えば、左手前の三角形を選び、A、B、Cの3頂点のみを動く確率は

$$\left(\dfrac{2}{3}\right)^n$$

　よって、この場合の起こる確率は

$$_3C_2\left(\dfrac{2}{3}\right)^n = 2\left(\dfrac{2}{3}\right)^{n-1}$$

②には間違いがありますね！

点Pは時刻0では頂点Aに位置し、

　　時刻1で2／3の確率でBかCに動くので、Bに動く

　　時刻2で2／3の確率でAかCに動くので、Aに動く

時刻 3 で 2 ／ 3 の確率で B か C に動くので、B に動く

.

.

.

と続けますと、A と B にしか動きません。ということで、例えば A、B、C の 3 頂点のみを動く確率は $\left(\dfrac{2}{3}\right)^n$ ではなく、AB 間の往復、AC 間の往復、BC 間の往復の分が①と重複しますので、

$$ _3\mathrm{C}_2\left\{\left(\dfrac{2}{3}\right)^n - 3\left(\dfrac{1}{3}\right)^n\right\} $$

まだ、間違いがありますね！批判的に思考できていますか？

点 P は時刻 0 では頂点 A に位置しますので、AB 間の往復、AC 間の往復、BC 間の往復のうち、BC 間の往復はありえませんよね！ということで、②の確率は $3\left(\dfrac{1}{3}\right)^n$ を引くのではなく、$2\left(\dfrac{1}{3}\right)^n$ を引き、

$$ _3\mathrm{C}_2\left\{\left(\dfrac{2}{3}\right)^n - 2\left(\dfrac{1}{3}\right)^n\right\} = \dfrac{2^n - 2}{3^{n-1}} $$

余事象の確率が求まりますので、求める確率は

$$ 1 - \left\{\underset{\uparrow}{\left(\dfrac{1}{3}\right)^{n-1}} + \underset{\uparrow}{\dfrac{2^n - 2}{3^{n-1}}}\right\} $$

$$ ① \qquad ② $$

$$ = 1 - \dfrac{2^n - 1}{3^{n-1}} $$

分問で $n=1$、2のときは起こらないと分かっていますので、検算しておきましょう。ただし $3^0=1$ です。

$n=1$ のとき　　　　　$1-\dfrac{2^1-1}{3^{1-1}}=1-\dfrac{2-1}{1}=0$

$n=2$ のとき　　　　　$1-\dfrac{2^2-1}{3^{2-1}}=1-\dfrac{4-1}{3}=0$

常に振り返りながら思考する習慣をつけましょう！

振り返り

「回り道、寄り道」は最終的に思考力を鍛えますので、間違いを恐れないようにしましょう！そこで大切になるのが検算です。本書では正解の解説後に検算をしていることが多いです。しかし実際には、「時間軸思考」で検算を交えながら解き、正解への道を進んでいるか確認しながら思考してください。

問題 13　2017 東京大学理科前期

　座標平面上で x 座標と y 座標がいずれも整数である点を格子点という。格子点上を次の規則に従って動く点Pを考える。

（a）最初に、点Pは原点Oにある。

（b）ある時刻で点Pが格子点 (m, n) にあるとき、その1秒後の点Pの位置は、隣接する格子点 $(m+1, n)$、$(m, n+1)$、$(m-1, n)$、$(m, n-1)$ のいずれかであり、また、これら

の点に移動する確率は、それぞれ $\dfrac{1}{4}$ である。

（1）点Ｐが、最初から6秒後に直線 $y=x$ 上にある確率を求めよ。

（2）点Ｐが、最初から6秒後に原点Ｏにある確率を求めよ。

最初に、規則（a）、（b）を確認しましょう。

（a）は点Ｐが原点Ｏからスタートするということだけですから、（b）の把握がポイントですが、こちらは次のような内容ですね。

点Ｐが格子点 (m, n) 上にあるとき、$(m+1, n)$ は右へ1だけ、$(m, n+1)$ は上へ1だけ、$(m-1, n)$ は左へ1だけ、$(m, n-1)$ は下へ1だけの移動を意味しますから、点Ｐがこれら4方向に移動する確率がそれぞれ $\dfrac{1}{4}$ ということですね！

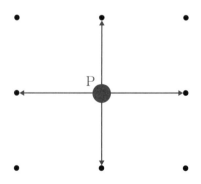

分問

　点 P が、最初から 6 秒後に動く具体例を 1 つ挙げ、その確率を求めましょう。

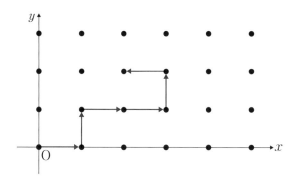

例えば、上図のような場合で、その起こる確率は
$$\left(\frac{1}{4}\right)^6 = \frac{1}{4096}$$

ところで、(1)、(2) のどちらの確率が大きいですか？

「原点 O」は、「直線 $y=x$ 上」にある点 $(1, 1)$、$(2, 2)$ 等の、無数の格子点の 1 つですから、(1) の確率の方が大きいはずですよね！

　このように全体像を把握しておくことが、有り得ない計算ミスを防ぐことになります。

　それでは、(1) から考えていきましょう。

点Pが、最初から6秒後に直線 $y=x$ 上にある動きの一例を挙げてください。

先程、分問で挙げた例をそのまま採用しました。

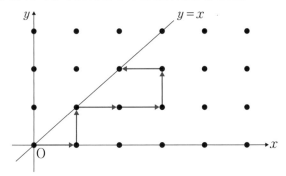

規則 (a) 最初に、点Pは原点Oにある、により、最初に点Pは直線 $y=x$ 上にあります。それから6秒後に再度直線 $y=x$ 上にあれば良いので、それは一般にどのような場合かを考え、(1) の確率を求めましょう。

どのような直線の上にあるかという問題ですから、点Pが上下左右のどちらに動くかは大した問題ではありません。点Pが乗る直線の切片が、上と左に動く場合は1増える、下と右に動く場合は1減る、と考え、

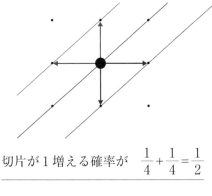

切片が 1 増える確率が $\dfrac{1}{4}+\dfrac{1}{4}=\dfrac{1}{2}$

切片が 1 減る確率が　同様に　$\dfrac{1}{2}$

と条件を整理しておきます。

　最初から 6 秒後に、再度直線 $y=x$ 上にあるためには、切片が 1 増えることと、切片が 1 減ることが同じ回数ずつ起これば良いですね！

　6 回中 3 回は切片が 1 増え、残りの 3 回は切片が 1 減れば良いですから、どのように計算できますか？

　そう、反復試行の確率ですね！よって、求める確率は、

$$_6C_3\left(\dfrac{1}{2}\right)^3\left(\dfrac{1}{2}\right)^3=\dfrac{5}{16}$$

　この調子で（2）に行きましょう！

　今度は、点 P が、最初から 6 秒後に原点 O にある確率を求めますから、上下左右を区別して考える必要があります。

(2)分問

点Pが、最初から6秒後に原点Oにある動きの一例を挙げてください。

下図のように、右上上左下下と移動する場合が一例としてあります。

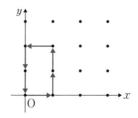

(2)本問'

規則（a）最初に、点Pは原点Oにある、ということですが、それから6秒後に再度原点Oに戻れば良いので、それは一般にどのような場合かを考え、(2) の確率を求めましょう。

例えば、上上上下下下、右上左上下下、等、たくさんありますが、要するに、上下は上下で、左右は左右で移動を打ち消しあえば元々あった原点Oに戻ることになります。

計算に進む前に、どのような場合があるか整理しておきましょう。上下の移動回数に注目し、移動を打ち消すためには上下に偶数回動く必要があることを考慮して次のように場合分けします。

　①上下が 0 回、②上下が 2 回、③上下が 4 回、④上下が 6 回

　それでは、それぞれ計算していきましょう。

①上下が 0 回

　左右ばかりに動けば良いので、$\left(\dfrac{1}{2}\right)^{6}$

ではいけませんね。式の意味を考えますと、これでは、左左左左左左と左に 6 回移動する場合も計算してしまっていますね・・・。ですから、正解は、左右の移動を打ち消し合うように考えまして、左に 3 回、右に 3 回移動すれば良いですから

$$_{6}\mathrm{C}_{3}\left(\dfrac{1}{4}\right)^{3}\left(\dfrac{1}{4}\right)^{3}=\dfrac{5}{1024}$$

②上下が 2 回

　6 秒のうち 2 回は上下の移動、残りの 4 回は左右の移動、すなわち、6 秒のうち、1 回は上、1 回は下、2 回は左、2 回は右に動けば良いです。どのタイミングでどの移動をするかに注意して、反復試行の確率の考えを用いると、

$$\dfrac{6!}{1!1!2!2!}\times\dfrac{1}{4}\cdot\dfrac{1}{4}\left(\dfrac{1}{4}\right)^{2}\left(\dfrac{1}{4}\right)^{2}=\dfrac{45}{1024}$$

③上下が4回

6秒のうち4回は上下の移動、残りの2回は左右の移動、すなわち、6秒のうち、2回は上、2回は下、1回は左、1回は右に動けば良いです。先程と同様に考えると、

$$\frac{6!}{2!2!1!1!} \times \left(\frac{1}{4}\right)^2 \left(\frac{1}{4}\right)^2 \cdot \frac{1}{4} \cdot \frac{1}{4} = \frac{45}{1024}$$

④上下が6回

上に3回、下に3回移動すれば良いですから

$$_6\mathrm{C}_3 \left(\frac{1}{4}\right)^3 \left(\frac{1}{4}\right)^3 = \frac{5}{1024}$$

①〜④は、互いに排反ですから、求める確率は、

$$\frac{5}{1024} + \frac{45}{1024} + \frac{45}{1024} + \frac{5}{1024} = \frac{25}{256}$$

振り返り

ランダムウォークと呼ばれる問題でしたが、いかがでしたか？問題の状況を理解し、一歩ずつ思考を積み重ねることで、164ページの内容まで落とし込むことが体験できましたか？

（1）では、上下左右のどちらに動くかをまとめて、点が乗る直線の切片に注目しました。このように、「枝葉を無視して、本質を見抜く」数学的な読解力も鍛えることができたかと思います。

問題 14　1999 東京大学理科前期

p を $0<p<1$ を満たす実数とする。

(1) 四面体 ABCD の各辺はそれぞれ確率 p で電流を通すものとする。このとき、頂点 A から B に電流が流れる確率を求めよ。ただし、各辺が電流を流すか流さないかは独立で辺以外は電流を流さないものとする。

(2) (1) で考えたような 2 つの四面体 ABCD と EFGH を図のように頂点 A と E でつないだとき、頂点 B から F に電流が流れる確率を求めよ。

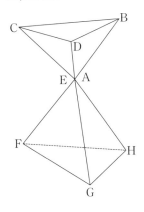

まず、(2) の図しかありませんが、(1) の図は分かりますね。

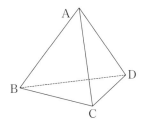

本書の最終問題です！分問に分解してレベルを上げながら解き、最終確認としましょう！

> **分問**
>
> 　右のような2つの曲線はそれぞれ確率 p で電流を通すものとする。このとき、頂点 A から B に電流が流れる確率を求めよ。ただし、各曲線が電流を流すか流さないかは独立で曲線以外は電流を流さないものとする。

　左側の曲線が電流を流す確率が p、右側の曲線が電流を流す確率も p ですから

$$p + p = 2p$$

この分問は簡単！とはいきませんよね。直感に従って、安易に解いてはいけません。

　$p = 1$ とするとどうなりますか？ $2p = 2 \times 1 = 2$ となり、1を超えてしまいます。序盤で間違えますと、その後どれだけ考えても正解には辿り着けませんから、このように、振り返り、検算の時間を適宜とるという「時間軸思考」をすることで、ミスを防ぎましょう！

　これが間違っているのは、なぜでしょうか？電流を通す場合を詳細に考える必要があります。この $2p$ では、「左側の曲線が電流を流す」と「右側の曲線が電流を流す」に加えて「左側の曲線と

右側の曲線が共に電流を流す」場合を重複して計算していることが間違いの原因です。ということは、和事象の確率 $P(A \cup B) = P(A) + P(B) - P(A \cap B)$ を考えると、重複分である、左側の曲線と右側の曲線が共に電流を流す確率 p^2 を引けば良いですから

$$2p - p^2$$

が正解でしょうか？検算で $p = 0$ のとき必ず流れませんが、$2 \times 0 - 0^2 = 0$ となっており正しいですし、$p = 1$ のとき必ず流れますが、$2 \times 1 - 1^2 = 1$ となり、正しそうですね。

　または、余事象の確率 $P(\overline{A}) = 1 - P(A)$ を用いて、1 から、左側の曲線と右側の曲線が共に電流を流さない確率 $(1-p)^2$ を引くことにすると

$$1 - (1-p)^2 = 1 - (1 - 2p + p^2) = 2p - p^2$$

としても良いかと思います。

　ここで、複眼的な視点を取り入れ、「統合」を考えてみましょう！本問に発展させることを考えると、この分問をどのように解いておくと良いでしょうか？

　本問で、和事象の確率の重複分、余事象の確率の A から B に流れない確率を求めるのは簡単ではありませんよね。2 通り考えてみましたが、今回は、純粋に場合分けして求めると良さそうですね。

　左側の曲線が電流を流す

　左側の曲線が電流を流さず、右側の曲線が電流を流す

という互いに排反な 2 つの事象を考え、確率の加法定理より、

$$p + (1-p)p = p + (p - p^2) = 2p - p^2$$

としましょう。

それでは、この考え方を踏まえて、もう少し、本問に近づけてみましょう。

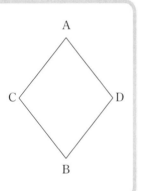

① A → C → B と電流を流す

② A → C → B と電流を流さず、A → D → B と電流を流す

の 2 つの場合を、加えれば良いです。A → C → B と電流を流さない場合は、「A → C と電流を流さない場合」と、「A → C と電流を流すが、C → B は電流を流さない場合」に分けられますので、

$$\underbrace{p^2}_{①} + \underbrace{\{(1-p) + p(1-p)\}\, p^2}_{②} = p^2 + (1 - p + p - p^2)p^2$$
$$= p^2(2 - p^2)$$

それでは、ＡとＢを結ぶ対角線を追加してみましょう！

分問3

右のような図形の各線分はそれぞれ確率 p で電流を通すものとする。このとき、頂点 Ａ から Ｂ に電流が流れる確率を求めよ。ただし、各線分が電流を流すか流さないかは独立で線分以外は電流を流さないものとする。

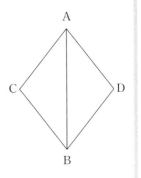

分問２にＡとＢを結ぶ対角線が追加されたわけですから、分問２を上手に発展させましょう！

Ａ→Ｂと電流を流す

Ａ→Ｂと電流を流さず、
　　Ａ→Ｃ→ＢまたはＡ→Ｄ→Ｂと電流を流す

の２つの場合に分け、

$$p + (1-p)\,\underline{p^2(2-p^2)} = p + p\,\{p(1-p)(2-p^2)\}$$
$$\text{分問2 }\uparrow\quad = p\,\{1 + p(1-p)(2-p^2)\}$$

今度は、ＣとＤを結ぶ対角線を追加してみましょう！

　右のような図形の各線分はそれぞれ
確率 p で電流を通すものとする。この
とき、頂点 A から B に電流が流れる
確率を求めよ。ただし、各線分が電流
を流すか流さないかは独立で線分以外
は電流を流さないものとする。

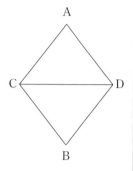

　しっかりと重複がないように場合分けして、今までの分問も参
考にしながら解いてみましょう！

A → C → B
C → B、A → D と電流を流さず、A → C → D → B と電流を流す
A → C、D → B と電流を流さず、A → D → C → B と電流を流す
A → C と電流を流さない、または、A → C と電流を流すかつ
C → B と電流を流さない、かつ、A → D → B と電流を流す

と場合分けをすると、重複がありませんので、

$$p^2 + (1-p)^2 p^3 + (1-p)^2 p^3 + \{\underline{(1-p)} + \underline{p(1-p)}\}\underset{\sim}{p^2}$$
$$= p^2 \{1 + (1-p)^2 p + (1-p)^2 p + (1-p^2)\}$$
$$= p^2 (2 + 2p - 5p^2 + 2p^3)$$

　この分問はかなり難しかったのではないでしょうか？

　そこで次のように、異なる場合分けをしても良いかと思いま
す。時間軸思考により分問 2 に遡りながら考えてみましょう！

<u>ＣとＤの間に電流を流す</u>
　　<u>Ａ→ＣとＡ→Ｄの少なくとも一方が電流を流す、</u>
　　　<u>かつ、Ｃ→ＢとＤ→Ｂの少なくとも一方が電流を流す</u>
<u>ＣとＤの間に電流を流さない</u>
　　Ａ→Ｃ→Ｂ または Ａ→Ｄ→Ｂ が電流を流す
　　　　（これは分問 2 ですよね！）

よって、　　　　$\underline{p\,\{1-(1-p)^2\}^2} + \underline{(1-p)\,p^2(2-p^2)}$
　　　　　　　　　　　　　　　　↑分問 2

$$= p(2p-p^2)^2 + (1-p)\,p^2(2-p^2)$$
$$= p^2\{p(2-p)^2 + (1-p)(2-p^2)\}$$
$$= p^2(2+2p-5p^2+2p^3)$$

本問'

　ここまでの分問を基にして、本問を解きましょう。

ここまでの分問を「統合」すれば、ほぼ解けていませんか？

　展開図を考えると分かりやすいでしょうか！ 1 辺につき 2 度現
れますので、一方は点線にしています。

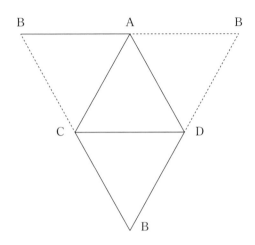

これでどうでしょうか？中央の実線の図形は、分問4の図形そのものですよね！ということは、

A → B と電流を流す

A → B と電流を流さない、かつ、分問4

と場合分けをしまして、

$$p + (1-p)\underline{p^2(2 + 2p - 5p^2 + 2p^3)}$$
$$\uparrow 分問4$$
$$= p + 2p^2 - 7p^4 + 7p^5 - 2p^6$$

(2) も解いておきましょう！

「(1) で考えたような2つの四面体 ABCD と EFGH を図のように頂点 A と E でつないだとき、頂点 B から F に電流が流れる確率を求めよ」という問題でした。(1) で、ただし、各辺が電流を

流すか流さないかは独立で辺以外は電流を流さないものとする、という記述がありましたので、B → A と流す確率は（1）、A（または E）→ F と流す確率も（1）で、これらは独立ですから、かけ算をしたら終わりですね。

$$(p + 2p^2 - 7p^4 + 7p^5 - 2p^6)^2$$

　このような流れで解いてみましたが、なぜこのような分問に分解できたのでしょうか？

　もちろん最初に本問' の展開図のイメージがあり、そのために必要な分問 4 に向けて分解しました。正に「全体」と「部分」を見る「複眼的思考（特に微積思考）」によって、分問の「問題発見」ができたわけですね。この「問題発見能力」は模範解答のない実社会の問題解決に不可欠な能力です。数学に限らず、あらゆる場で「複眼的」であることを意識してください。

振り返り

　この東京大学の入試問題も、問題を「**分解**」して分かることを積み上げ、それらを「**統合**」することで解くことができた、と感じていただけたでしょうか？すなわち、東京大学が「高等学校段階までの学習で身につけてほしいこと」で述べているように、教科書レベルの独立な試行の確率に関する知識さえあれば、正しく場合分けをする「**思考力**」を鍛える最高の機会だったということですね！

本書の振り返りとまとめ

　第2章、第3章の時点では、場合の数と確率は、どのようなイメージでしたか？

　それでは、今はどのようなイメージでしょうか？

　基礎となる問題をPやCで計算するに至った理由、すなわち「なぜ？」、「基礎、基本の深い理解」の大切さに気付かれたのではないでしょうか。

　また、思考が「既知と未知の架け橋」として未知を既知にすることを通して、知識の量より質を上げ、「知識の体系化」が進んだのではないでしょうか。

　本書を通して一緒に思考してきましたが、いかがでしたか？

「分問」、「本問'」と、明確に問題を「分解」、「統合」することで、2つの思考過程を深く理解していただけたかと思います。そして、適切に「分解」すれば、第5章でのハイレベルな思考も、全て第4章までに得た知識の発展や組み合わせ等だと感じていただけたら、幸いです。

　今後もご自分で「分解」、「統合」しながら、数学を通して、思考力を鍛え続けていただけたらと思います。その際、微積思考、多角思考、・・・、と分解したことが、問題が解けたときの思考の言語化はもちろんのこと、問題が解けなかったときの明確な「Feedback と Fix」に活躍すると思います。

　最後に皆さんに、アドバイスがあります。

　それは、仕事、数学、読書、スポーツ、音楽、芸術、語学、・・・といったものの中で、何でも良いですし、短い時間でも結構ですから、複数のものに打ち込んで欲しいということです。日本人のフィールズ賞やノーベル賞受賞者の多くが、研究と同時に、音楽やスポーツに取り組んでいます。それは、一度何かを集中して考え、それを頭の片隅に残したまま、続けて他のことに打ち込むことで、思考し、学び続けることが、自分の一部になるからだと思います。そして、ある分野での学びが転移し、相乗効果で思考力が高まり、「独創力、創造力」に繋がっているのだと思います。

　私と弟のバスケットボール好きを見て、両親が庭にバスケットボールのリングを設置してくれました。そこで、自分なりに考えて練習してきたことが今の自分をつくったと思っています。バスケットボールを通して、感謝の心、一生懸命努力することの大切さ等の人間性と同時に、選手として、指導者として、思考し、工夫し、学び続けることで、本書の基礎となる様々なことを学びました。

　バスケットボールから学んだことを、いくつか挙げてみます。

ボール、他の9人、リング、ライン、得点、試合の流れ、・・・と多くの情報を処理しなければなりません。もちろん、これらを同時に考えることはできませんので、無意識で処理できるようにする必要があります。このことから、「基礎を反復し習慣にすること」の大切さを学ぶことができました。

　プレーしながらコートを上から見下ろす視点が要求されることや、練習や試合で作戦盤にかかれた通りにコート上で動く必要があることから、平面と空間からの視点が養われ、自然と「複眼的に思考すること」に結びついたと思います。

　右手と左手で同じようにドリブル、パス、さらにゴール周辺ではシュートさえもできなくてはいけません。利き手、利き足があったとしても、両手足を平等に使えるのが理想という発想が、右脳と左脳、「直感と論理の融合」という発想に繋がっていたと思います。

　Read（予測）と相手に応じたReact（対応）が重要なため、1歩先、2歩先、・・・を「先読み」すること、ReadとReactを瞬時に繰り返す中で「FeedbackとFix」を私の中に定着させたのだと思います。

　挙げだしたらきりがありませんので、ここでは4つの例を挙げるのみにしますが、多くを学ばせてくれたバスケットボールにはいくら感謝してもしきれません。このように、複数の面での学びを通して、知識が知恵に、知恵が知性となるのではないでしょうか。

　パソコンが普及するまでには何年かかりましたか？インターネットが普及するまでは？スマートフォンが普及するまでは？人類史上最速、かつ、さらにその速度を増して変わり続ける社会では、学び続け、知識を変化させ続ける「体系化された知識」が欠かせません。

　そして、目標をスモールステップに分解して達成すること、自分と他者の両者を考慮に入れたコミュニケーション、真偽の混在する複数の情報を基にした的確な行動等のためには「複眼的思考」が大きな役割を果たします。

　これからは、まずは本書の方法論を「守」り、その後は「破」、「離」の段階に進み、皆さん流に思考してください。知識のみならず、思考も動的なものですので、一緒に探求しましょう！

「体系化された知識」と「複眼的思考」が、現在、そして未来の社会で人間に必要とされる能力の根幹になります。今後もこれらを「常に」意識し、異分野も含めた「思考の木」に育て、より汎用性のある思考力を手に入れてください。

　そのような皆さんの思考力は、「試考力（試行力）」として失敗を恐れず様々なアイデアを生み、「思構力」として構想を練りその実現を後押しすることでしょう。

『知識を活用して、より良く生きる力』を鍛えることをコンセプトとした本書をきっかけとして、皆さんがより良く（良さの基準も動的なものです！）生きていただけたらと願っています。

あとがき

　私の人生において、お世話になった方々への感謝を述べ、あとがきに代えます。紙面の都合で、お世話になった皆様を挙げることはできないことを、ご容赦ください。

　原稿の一部執筆と校正をしていただいた
　　　　　　　　　　　　　　　長澤さん、下井田さん、前田君
　校正をしていただいた
　　　高校の恩師で、それ以来、私の数学の師である五十川貢先生
　　　教育実習の教え子で、大手予備校講師の谷口貴仁君

　企画を実現させてくださった技術評論社様
　的確な問いかけ等を頂き、支えていただいた編集者の
　　　　　　　　　　　　　　　　　　　　　成田恭実様

　中学生の頃お世話になった塾の先生
　恩師や大好きな友人たち
　数学やバスケットボールを通して接した皆様
　本書の読者の皆様
　そして、初任者研修を担当していただいた今は亡き先生

　本当に、ありがとうございます！

私を育んでくれた本巣、岐阜、京都、郡上

思考力を鍛える問いを与え続けてくれた数学
多くの出会い、気づき、学びをくれたバスケットボール
苦楽を共にし、人生に一層の彩りをもたらしてくれた音楽

人生の節目に的確なアドバイスをくれた父
無償の愛情を注いでくれた母
最高の仲間かつ、最強のライバルの弟
明るく前向きで、多くの笑顔をもらった妹
いつも支えてくださる親族の皆様

本当に、ありがとうございます！
いくら感謝しても、感謝しきれません。

最後に、一番側で支えてくれている妻と子どもたち
　　　　　　　　　　　　最高の毎日をありがとう！

　　　　　　　　　　　　　　2020 年 12 月吉日

参考文献

○ 思考の基礎

「マイケル・ジョーダン

　　挑戦せずにあきらめることはできない」ソニーマガジンズ

「THE　MAMBA　MENTALITY」MCD

「私の信じたバスケットボール」大修館書店

○ 思考の基本

「いかにして問題をとくか」丸善出版

「方法序説」岩波文庫

「アイデアのつくり方」CCC メディアハウス

「学びとは何か」岩波新書

○ 高校数学と大学入試問題

「数学 A」数研出版

「4STEP 数学 A」数研出版

「東京大学数学入試問題 50 年」聖文新社

「京都大学数学入試問題 50 年」聖文新社

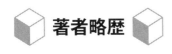 **著者略歴**

杉山 博宣 （すぎやま ひろのり）

岐阜県出身

京都大学卒業

京都大学大学院合格（入学辞退）

岐阜県立高等学校教諭

数学への招待シリーズ
思考力を鍛える場合の数と確率
～「分解」と「統合」でみるみる身につく～

2021年1月22日　初版　第1刷発行

著　者　杉山 博宣
発行者　片岡 巌
発行所　株式会社技術評論社
　　　　東京都新宿区市谷左内町21-13
　　　　電話　03-3513-6150　販売促進部
　　　　　　　03-3267-2270　書籍編集部
印刷・製本　昭和情報プロセス株式会社

装　丁　中村 友和（ROVARIS）
本文デザイン，DTP　株式会社RUHIA

本書に関する最新情報は，技術評論社
ホームページ（http://gihyo.jp/）を
ご覧ください．
本書へのご意見，ご感想は，以下の宛
先へ書面にてお受けしております．
電話でのお問い合わせにはお答えいた
しかねますので，あらかじめご了承く
ださい．
〒162-0846
東京都新宿区市谷左内町21-13
株式会社技術評論社 書籍編集部
『思考力を鍛える場合の数と確率』係
FAX：03-3267-2271